国际脆弱生态国家公园建设经验

曲建升　裴惠娟　董利苹 等　编著

U0348519

科 学 出 版 社

北 京

内 容 简 介

本书总结了世界国家公园的发展历程与总体特征，选取北美、大洋洲、非洲、北欧等典型地区的国家公园进行了详细的管理体制分析，最终结合我国首批 5 个国家公园的建设进展分析，提出脆弱生态系统国家公园建设的经验借鉴。全书共分四部分：第一部分介绍国外建设国家公园的历程、世界国家公园的总体特征与管理特征，包括第 1 ~ 第 3 章；第二部分阐述典型地区国家公园的概况、管理体制、监督与评估机制、案例分析及经验与启示，包括第 4 ~ 第 7 章；第三部分介绍我国国家公园的概况、管理体制与运行机制、监督与评估机制、经验与启示，包括第 8 ~ 第 12 章；第四部分总结国内外国家公园建设经验及对我国的启示。

本书可供从事自然保护地与国家公园体制建设的战略研究人员、科研管理人员和科学研究人员参考。

图书在版编目（CIP）数据

国际脆弱生态国家公园建设经验 / 曲建升等编著. —— 北京：科学出版社，2024.11

ISBN 978-7-03-077731-7

Ⅰ.①国… Ⅱ.①曲… Ⅲ.①国家公园–建设–经验–世界 Ⅳ.①S759.991

中国国家版本馆 CIP 数据核字（2023）第 248488 号

责任编辑：张 菊 张一帆 / 责任校对：樊雅琼
责任印制：徐晓晨 / 封面设计：无极书装

科 学 出 版 社 出版

北京东黄城根北街 16 号
邮政编码：100717
http://www.sciencep.com

北京九州迅驰传媒文化有限公司印刷
科学出版社发行 各地新华书店经销

*

2024 年 11 月第 一 版 开本：720×1000 1/16
2024 年 11 月第一次印刷 印张：13 3/4
字数：300 000

定价：**178.00** 元
（如有印装质量问题，我社负责调换）

前　言

　　国家公园是全球自然保护地的重要类型，不仅是维护国家自然生态系统平衡和生物多样性的自然保护地，也是为国民提供生态游憩、科普启智和科学研究的公共区域，更是彰显一个国家和地区文明形象乃至国家精神的重要窗口。全球各地的国家公园设立之初的目标和管理特征各具特色，北美国家将荒野精神融入国家公园，大洋洲国家公园最初是为解决大城市过度拥挤和不卫生的公共卫生问题而建立的，欧洲的国家公园多采用多方协同和区域共治的模式，非洲国家公园的主要目的在于保护野生动物的安全。

　　中国国家公园建设起步虽晚，却承载着重要的职责和使命①。在中华文明滋养下的国家公园，是凝聚东方智慧、展现大国格局的重要载体。建设好国家公园体系，既是传承和弘扬中华优秀传统文化，增强民族自信、文化自信的必然要求，也是构建拱卫中华民族美丽家园的生态安全屏障，建设富强民主文明和谐美丽的社会主义现代化强国，向全球展示"中国之治""中国之美"，引领"地球生命共同体"建设的重要举措。在建设国家公园的进程中，党中央、国务院始终高度重视国家公园体制试点和各项制度建设，使国家公园事业在短短几年内取得显著进展，这也必将成为我国建设国家公园体系最大的底气和强有力的保证。

　　国家公园作为自然保护地体系中的一种，其设立目标和管理模式都与自然保护区、风景名胜区等其他类型的保护地有很大的区别，它不仅应实现保护当地自然环境的生态价值，还应实现为公众提供娱乐、教育、科学研究平台的社会价值②。自 2013 年提出建立国家公园体制以来，我国国家公园在空间布局规划、自然资源管理、生态保护修复、矛盾调处、民生改善等方面取得了重要进展，生命科学、生态学、地理学等领域的相关研究在国家公园规划与建设管理中发挥了重要的科技支撑作用。然而，我国国家公园建设尚处于探索阶段，在自然资源保护、管理体制机制、生物多样性监测、社区发展等方面仍面临诸多挑战。本书在总结全球国家公园的发展历程与总体特征的基础上，选取调研世界典型地区国家

---

　　① 黄宝荣，魏钰. 高质量推进国家公园体系建设.（2022-09-02）. https://m.gmw.cn/baijia/2022-09/02/35996690.html.

　　② Croatian Parliament. Oicial Gazete of Republic of Croatia 80/13. Nature Protection Act.（2013-06-24）. https://narodne-novine.nn.hr/clanci/sluzbeni/2013_06_80_1658.html.

公园的管理体制，分析我国首批五个国家公园的建设进展，以此提出脆弱生态区国家公园建设的经验借鉴。

本书由中国科学院成都文献情报中心与西北生态环境资源研究院文献情报中心地学战略研究人员完成。参与本书研究工作策划、资料搜集整理和研究报告撰写的人员分工如下。曲建升与曾静静研究员负责研究工作总体组织和研究内容策划设计。各章节撰写具体分工是：第一部分由廖琴撰写；第二部分第 4 章与第 5 章由董利苹撰写，第 6 章与第 7 章由裴惠娟撰写；第三部分第 8 章由裴惠娟撰写，第 9 章由刘文浩撰写，第 10 章由吴秀平撰写，第 11 章由牛艺博撰写，第 12 章由刘燕飞撰写；第四部分由曲建升和裴惠娟撰写。全书统稿由曲建升、裴惠娟和董利苹完成。

本书研究工作是在中国科学院战略性先导科技专项（A 类）任务"国际脆弱生态系统国家公园建设借鉴"（XDA2002030101）、"祁连山区生态保护治理与经济社会发展研究"和中国科学院"西部之光"项目"原住居民融入祁连山国家公园建设的路径研究"的资助下完成的。在此一并致以诚挚的感谢！

由于本书涉及的学科领域和研究方向覆盖范围宽，加之编著者水平所限，不妥之处在所难免，敬请读者批评指正！

作　者

2024 年 3 月

目　　录

前言

第一部分　世界国家公园的发展历程与总体特征

第1章　国外建设国家公园的历程 ················· 3
　1.1　国家公园的理念与界定范围 ················ 3
　1.2　国家公园管理的演变历程 ················· 4
第2章　世界国家公园的总体特征 ················ 7
　2.1　建立时间 ························· 7
　2.2　国家公园的面积 ····················· 8
　2.3　遴选标准 ························· 10
　2.4　建设原则 ························· 12
　2.5　管理模式 ························· 13
　2.6　发展模式 ························· 15
第3章　世界国家公园的管理特征 ··············· 18
　3.1　管理体制 ························· 18
　3.2　功能分区 ························· 20
　3.3　经营机制 ························· 22
　3.4　资金保障机制 ······················ 24
　3.5　旅游管理 ························· 25
　3.6　社区参与 ························· 27

第二部分　典型地区国家公园管理体制研究

第4章　北美典型地区国家公园 ················ 31
　4.1　国家公园概况 ······················ 31
　4.2　管理体制 ························· 36
　4.3　监督评估机制 ······················ 48

4.4 案例分析——黄石国家公园 ································· 49

4.5 经验与启示 ······································· 52

第 5 章 大洋洲典型地区国家公园 54

5.1 国家公园概况 ····································· 54

5.2 管理体制与运行机制 ····························· 57

5.3 案例分析——卡卡杜国家公园 ····················· 63

5.4 经验与启示 ······································· 66

第 6 章 非洲典型地区国家公园 68

6.1 国家公园概况 ····································· 68

6.2 管理体制与运行机制 ····························· 74

6.3 案例分析——克鲁格国家公园 ····················· 85

6.4 经验与启示 ······································· 87

第 7 章 北欧典型地区国家公园 88

7.1 国家公园概况 ····································· 88

7.2 管理体制与运行机制 ····························· 96

7.3 案例分析——哈当厄尔高原国家公园 ··············· 103

7.4 经验与启示 ······································ 105

第三部分　我国国家公园管理体制研究

第 8 章 三江源国家公园 ··································· 109

8.1 国家公园概况 ···································· 109

8.2 管理体制与运行机制 ···························· 112

8.3 监督与评估机制 ································· 127

8.4 经验与启示 ····································· 127

第 9 章 大熊猫国家公园 ··································· 129

9.1 国家公园概况 ···································· 129

9.2 管理体制与运行机制 ···························· 132

9.3 监督与评估机制 ································· 146

9.4 经验与启示 ····································· 147

第 10 章 东北虎豹国家公园 ································ 151

10.1 国家公园概况 ··································· 151

10.2 管理体制与运行机制 ···························· 155

10.3 监督与评估机制 ································· 161

10.4 经验与启示 ·· 164

第 11 章 武夷山国家公园 ·· 167
11.1 国家公园概况 ·· 169
11.2 管理体制与运行机制 ·· 172
11.3 监督与评估机制 ·· 183
11.4 经验与启示 ·· 184

第 12 章 海南热带雨林国家公园 ······························· 187
12.1 国家公园概况 ·· 187
12.2 管理体制与运行机制 ·· 188
12.3 监督与评估机制 ·· 201
12.4 经验与启示 ·· 202

第四部分 脆弱生态系统国家公园建设借鉴

第 13 章 国内外国家公园建设经验总结及对我国的启示 ·········· 207
13.1 国际经验总结 ·· 207
13.2 对我国国家公园建设的启示 ······························· 209

第一部分

世界国家公园的发展历程与总体特征

第 1 章 | 国外建设国家公园的历程

1.1 国家公园的理念与界定范围

通常认为国家公园（national park）或自然保护区的概念起源于 19 世纪 70 年代的美国，世界上第一个国家公园是美国的黄石国家公园，由美国总统尤里西斯·辛普森·格兰特于 1872 年签署《黄石国家公园法案》创建。国家公园是由国家政府为保护自然环境而划定的区域，既可以公众娱乐和享受为目的，也可能因其历史或科学价值而设立。国家公园中的大部分景观及动植物都保持其自然状态。国家公园的背景和意义在不同国家可能有所不同。美国和加拿大的国家公园倾向于保护土地和野生动物，英国的国家公园主要保护土地，非洲的国家公园主要保护动物。巴西、日本、印度和澳大利亚等国家在国家公园中都保留了大片保护区域[①]。

1969 年 11 月，在新德里召开的世界自然保护联盟（IUCN）第十届大会明确了"国家公园"一词的基本特征：①在相对较大的区域内，生态系统尚未因人类的开垦和占用而发生实质性改变，动植物物种、地貌遗址和栖息地具有特殊的科学、教育和娱乐的意义，或区域内含有广阔而优美的自然景观；②国家管理机构已采取措施以防止或尽快消除对该区域内的开发或占用，并使其生态、地貌或美学特征得到充分展示；③在特殊情况下，允许以启发、教育、文化和娱乐为目的的参观旅游[②]。1978 年，IUCN 建立了 IUCN 保护区五类分类系统，以明确包括国家公园在内的保护区各项目标之间的区别。1993 年，IUCN 将保护区的分类系统修改为六类，在这个分类系统中，国家公园被列为第Ⅱ类，指为保护大规模生

---

① Britannica. National park. (2024-08-31). https：//www. britannica. com/science/national-park.

② IUCN. Definition of national parks. https：//portals. iucn. org/library/sites/library/files/resrecfiles/GA_10_RES_001_Definition_of_National_Parks. pdf.

态过程以及物种和生态系统特征而划出的大面积自然或近自然区域①②，其主要管理目标如表1-1所示。

表1-1   不同保护区的管理目标

管理目标	保护区类别						
	Ia	Ib	II	III	IV	V	VI
科学研究	1	3	2	2	2	2	3
荒野保护	2	1	2	3	3	—	2
物种保护与遗传多样性	1	2	1	1	1	2	1
维持环境服务	2	1	1	—	1	2	1
保护特定的自然或文化特征	—	—	2	1	3	1	3
旅游和娱乐	—	2	1	1	3	1	3
教育	—	—	2	2	2	2	3
自然生态系统资源的可持续利用	—	3	3	—	2	2	1
文化或传统特征的维护	—	—	—	—	—	1	2

注：①类别：Ia 严格的自然保护区；Ib 荒原区；II 国家公园；III 自然遗迹；IV 生境或物种管理区；V 受保护景观或海景；VI 资源管理保护区。②优先目标：1 主要目标；2 次要目标；3 潜在适用目标；—不适用。

1.2   国家公园管理的演变历程

1.2.1   思想认识的转变

国家公园的最初目标是保护"荒野地区"，即原始的、没有被人为干扰的地区。黄石国家公园是保护未开发地区的意识形态产物。这一观念在20世纪60年代之前一直被主流化，但未能认识到人类是自然的一部分，且未能认识到人类对保护资源的作用①。该目标对社会与自然之间关系的认识不足，使其不适合大部分地区。因此，国家公园模式的演变促进了国家公园概念在全球的应用。在此过程中，国家公园已经发展成为实现可持续发展的机制，并试图通过纳入保护和社

---

①   WANG J H Z. National parks in China：parks for people or for the nation？. Land Use Policy, 2019, 81：825-833.

②   Management Objectives and Economic Value of National Parks：Preservation, Conservation and Development. https://uq. edu. au/economics/abstract/337. pdf.

会经济发展目标来调节社会与自然之间的关系。例如,《我们共同的未来》(*Our Common Future*) 呼吁建立国家保护机制,将环境保护与经济发展结合起来。当代的国家公园从以保护和娱乐为重点已演变为日益凸显的经济必要性[1]。

1.2.2 国家公园的发展阶段

1872 年,世界上第一个国家公园黄石国家公园在美国建立后,国家公园的发展理念逐步向全球扩散。全球各国结合国情纷纷响应,这使得国家公园的数量不断增多。截至 2014 年,全球约 150 个国家和地区建立了约 5000 个符合 IUCN 标准的国家公园[2]。国家公园的发展史大致经历了四个阶段:初创期、发展期、繁荣期、拓展期 (表 1-2)[3]。

表 1-2　世界国家公园的发展阶段

发展阶段	代表大洲	代表国家和地区 (初创年份)	代表国家公园
初创期 (1872~1900 年)	北美洲、大洋洲	美国 (1872)、加拿大 (1885)、墨西哥 (1898);澳大利亚 (1879)、新西兰 (1887)	美国黄石国家公园、加拿大班夫国家公园等;澳大利亚皇家国家公园、新西兰汤加里罗国家公园等
发展期 (1900~1945 年)	欧洲、南美洲、非洲、亚洲	瑞典 (1909)、荷兰 (1909)、瑞士 (1914)、西班牙 (1918)、意大利 (1922)、罗马尼亚 (1935)、希腊 (1938)、芬兰 (1938);智利 (1926)、巴西 (1937)、委内瑞拉 (1937);刚果 (金) (1925)、南非 (1926)、津巴布韦 (1926);印度 (1935)、斯里兰卡 (1938)	瑞典阿比斯库国家公园、西班牙欧洲之峰国家公园等;智利贝鸟亚国家公园、巴西伊塔蒂亚亚国家公园等;刚果 (金) 艾伯特国家公园 (民族独立后更名为维龙加国家公园)、南非克鲁格国家公园等;印度海利国家公园 (现为吉姆·科贝特国家公园)、斯里兰卡雅拉国家公园等

① BELL J, STOCKDALE A. Evolving national park models: the emergence of an economic imperative and its effect on the contested nature of the "national" park concept in Northern Ireland. Land Use Policy, 2015, 49: 213-226.

② DENG Z M. Three principles of the establishment of national park system and their implications for China's Practice. Open Journal of Business and Management, 2016, 4 (3): 401-407.

③ 搜狐. 国家公园不只荒野派,速览国家公园的全球格局. (2018-08-12). https://www.sohu.com/a/246667287_247689.

发展阶段	代表大洲	代表国家和地区（初创年份）	代表国家公园
繁荣期（1945~2000年）	非洲、亚洲、欧洲	肯尼亚（1946）、赞比亚（1950）、坦桑尼亚（1951）、乌干达（1952）；泰国（1962）、越南（1962）、马来西亚（1964）、韩国（1967）；英国（1951）、法国（1956）、挪威（1962）、德国（1970）	肯尼亚纳库鲁湖国家公园、赞比亚卢安瓜国家公园等；泰国考艾国家公园等；英国峰区国家公园、法国瓦努瓦兹国家公园等
拓展期（2000年至今）	亚洲	阿富汗（2009）、中国（2017）	阿富汗班达拉米亚国家公园、中国三江源国家公园、武夷山国家公园等

从各国建立国家公园的时期来看，国家公园在1900年之前进入了早期建立时期，然后是1900年初到1945年第二次世界大战结束的普及时期，再次是第二次世界大战后的扩张时期，国家公园在世界范围内迅速发展。虽然世界各国都使用"国家公园"一词，但其国家公园系统的演变多种多样，以适应各国的具体情况，因此并不统一。美国在建立国家公园方面处于世界领先地位，许多国家的国家公园都是以美国为基础而建立，并采用了类似于美国国家公园的制度，即在政府所有的土地上建立国家公园（国有制）。而在欧洲国家和日本，由于土地所有权较为复杂，国家公园可以在没有所有权要求的地区可以指定建立（分区制）。

就国家公园特征而言，国家公园从寻求保护和利用（原始）自然景观的公园演变而来，这起源于美国黄石国家公园的建立。随后，国家公园逐渐发展到包括保护野生动物及其栖息地的国家公园以及在1910~1920年优先保护和限制使用的国家公园。1930年后，其进一步发展至基于人工半自然景观的国家公园[①]。

---

① YUI M. The Development of National Parks and Protected Areas around the World. https://necta.jp/english/pdf/national_parks.pdf.

第 2 章 世界国家公园的总体特征

本书首先根据来自六个大洲（亚洲、欧洲、非洲、大洋洲、北美洲、南美洲）、125 个国家的 908 个国家公园的数据，对其管理类型、建立时间和面积分别作了统计分析。

2.1 建 立 时 间

美国第一个国家公园（黄石国家公园）的建立，推动了国家公园运动的开始。澳大利亚于 1879 年在悉尼附近建立了世界上第二个国家公园（皇家国家公园）；加拿大于 1885 年在加拿大落基山脉建立了世界上第三个国家公园（班夫国家公园）；新西兰于 1887 年建立了覆盖北岛中部火山景观的汤加里罗国家公园。这四个国家在 19 世纪均建立了国家公园。随后，瑞典、西班牙、南非、日本和印度等于 20 世纪初也相继建立了国家公园。例如，瑞典于 1909 年建立了欧洲第一个国家公园；南非于 1926 年建立了该国第一个国家公园；日本于 1934 年产生了第一批国家公园。从地域来看，国家公园在 19 世纪产生于北美洲和大洋洲，在 20 世纪初被引入非洲和欧洲，在 20 世纪 10 年代被引入南美洲，在 20 世纪 30 年代之后被引入亚洲。

第二次世界大战结束后（1945 年），众多国家建立了各自的第一个国家公园，自此，国家公园系统在世界许多国家得以迅速传播和发展[1]。如图 2-1 所示，20 世纪 70 年代和 80 年代是各国开始建设国家公园的主要时期，而在 20 世纪 90 年代迄今建立的国家公园较少，这与各国环境保护意识和生态旅游开发意识的觉醒有关。

---

[1] YUI M. The Development of National Parks and Protected Areas around the World. https://necta.jp/english/pdf/national_parks.pdf.

| 国际脆弱生态国家公园建设经验 |

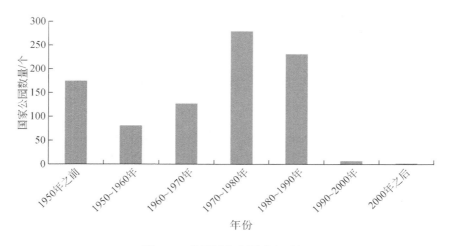

图 2-1　世界国家公园建立时间

2.2　国家公园的面积

经过 100 多年的发展，全世界有 150 多个国家和地区都建立了国家公园，截至 2022 年 3 月，属于 IUCN 保护地分类体系中的"国家公园"的数量已高达 6004 个[①]，总面积超 420 万 km²。北美洲国家中，美国国家公园共 59 个，总面积为 21 万 km²，占国土面积的 2.26%[②]；加拿大国家公园共 46 个，总面积超过 32.00 万 km²，占国土面积的 3.30%[③]。欧洲国家中，英国国家公园共 15 个，总面积为 2.27 万 km²，占国土面积的 9.30%[④]；荷兰国家公园共 20 个，总面积为 0.13 万 km²，占国土面积的 3.10%。亚洲国家中，日本国家公园共 32 个，总面积为 2.11 万 km²，占国土面积的 5.60%[⑤]；中国国家公园试点共 10 个，约占国土面积的 2.00%。

---

①　张玉钧，宋秉明，张欣瑶. 世界国家公园：起源、演变和发展趋势. 国家公园（中英文），2023，1（1）：17-26.

②　杨锐. 美国国家公园体系的发展历程及其经验教训. 中国园林，2001，1：62-64.

③　中华人民共和国商务部. 加拿大对国家公园的管理.（2018-04-19）. http://ca.mofcom.gov.cn/article/ztdy/201804/20180402734514.shtml.

④　邓武功，丁戎，杨芊芊，等. 英国国家公园规划及其启示. 北京林业大学学报（社会科学版），2019，18（2）：32-36.

⑤　中国海洋发展研究中心. 张玉钧等：日本国家公园发展经验及其相关启示.（2019-08-01）. http://aoc.ouc.edu.cn/_t719/2019/0725/c9821a254243/page.htm.

| 8 |

本书选取的 908 个国家公园中，大多数国家公园的面积在 1000 km² 以下（图 2-2），面积过大将占用过多的资金和人力资源，从而不利于生态保护和生态旅游的管理；少数国家公园的面积达 8000 km² 以上，这些国家公园多位于美国、澳大利亚、加拿大等国土面积较大且经济发达的地区，国家政府将大面积的荒野设为国家公园，为公众提供充足的娱乐和教育资源。如表 2-1 所示，全球面积最大的 10 个国家公园中，就有 5 个位于美国与加拿大[①]。

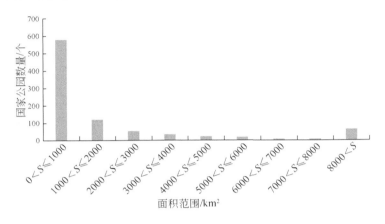

图 2-2　世界主要国家公园的面积

表 2-1　全球面积最大的 10 个国家公园概况

排序	国家公园名称	面积/万 km²	所在国家/地区	建立时间	主要特征
1	东北格陵兰国家公园（Northeast Greenland National Park）	97.12	丹麦	1974 年	山脉和苔原
2	纳米布-诺克卢福国家公园（Namib Naukluft National Park）	4.98	纳米比亚	1979 年	巨大的沙丘
3	伍德布法罗国家公园（Wood Buffalo National Park）	4.48	加拿大	1922 年	森林水牛和北方景观
4	北极之门国家公园（Gates of the Arctic National Park and Preserve）	3.43	美国	1980 年	遥远、崎岖的自然景观
5	德纳里国家公园和自然保护区（Denali National Park and Preserve）	2.46	美国	1917 年	德纳里山

① LEVIN N. 10 Largest National Parks in the World.（2018-11-26）. https://largest.org/geography/national-parks/.

续表

排序	国家公园名称	面积/万 km²	所在国家/地区	建立时间	主要特征
6	克鲁格国家公园（Kruger National Park）	1.95	非洲的林波波省和普马兰加省	1926 年	多样化的野生动物和狩猎之旅
7	玛努国家公园（Manú National Park）	1.71	秘鲁	1973 年	热带雨林
8	死亡谷国家公园（Death Valley National Park）	1.36	美国	1994 年	沙漠风光和风帆石
9	加拉帕戈斯国家公园（Galápagos National Park）	0.80	厄瓜多尔	1959 年	火山景观和独特的野生动物
10	大峡谷国家公园（Grand Canyon National Park）	0.49	美国	1919 年	大峡谷和科罗拉多河

2.3 遴选标准

国家公园总体上具有国家性、独特性和公益性的特征。因此，国家公园的遴选标准主要围绕自然资源价值、适宜性和可行性进行评价。主要指标包括自然景观、生态系统、生物多样性、面积、文化景观等。由于各国国土面积、自然资源条件以及对国家公园内涵理解的差异，目前世界各国尚无严格统一的国家公园遴选标准。在 IUCN 提出的基本原则基础上，各国根据各自国情，形成了较大差异的国家公园遴选标准和方法。表 2-2 列出了 IUCN 和主要国家的国家公园遴选指标。

表 2-2 　IUCN 和典型国家的国家公园遴选考虑的指标比较①

类别	组织/国家	设立思想和宗旨	关键指标
基本原则	IUCN	国家意义的自然遗产公园，为人类福祉与享受而划定，面积足以维持特定自然生态系统	面积（不小于 1000 hm²）、自然生态系统、地形地貌、景观、原始性
地域广阔型	美国	保护并防止破坏自然文化遗产，保持自然状态，人民福祉与享受	自然生态系统国家重要性、适宜性、面积规模和不可替代性
	加拿大	典型自然景观区域为主体，人民世代获得享受、接受教育、娱乐欣赏	野生动物、地质地貌和植被方面的国家代表性、人类影响最小、珍稀种群、文化遗产景观、教育与游憩利用机会

---

① 虞虎，钟林生. 基于国际经验的我国国家公园遴选探讨. 生态学报，2019，39（4）：1309-1317.

类别	组织/国家	设立思想和宗旨	关键指标
地域广阔型	俄罗斯	特殊生态、历史和美学价值的自然资源，开展自然保护、限制性科研教育和旅游活动的区域	自然生态多样性和稀有性、资源独特性、规模面积、典型代表景观、历史人文价值
地域限制型	日本	全国范围内规模最大并且自然风光秀丽、生态系统完整、有命名价值的国家风景及著名的生态系统	面积超过 20 km²；保持原始景观，具有特殊科学教育娱乐等功能；未因人类开发占用发生显著变化；动植物种类及地质、地貌代表区域
地域限制型	韩国	代表韩国自然生态界或自然及文化景观的地域，扩大国民利用率	依据代表性分为国立公园、道立公园和郡立公园三种规模
地域限制型	德国	荒野保护、保护珍稀动植物、保护自然种群	特殊自然特征、面积充分且未破碎化、生物群落环境和共生环境、自然景观、科学教育价值
本土特征保护型	挪威	面积不大、未过多受到人类破坏的乡村区域	位于乡村的、未过多受到人类行为破坏的、脆弱的生态环境与珍稀动植物栖息地和保留地；独特的、景色优美的自然区域；面积范围较大；国家拥有土地权
本土特征保护型	英国	满足人对风景游憩的需求	资源本底条件较好，包含优美的自然风景和深厚的历史文化积淀
本土特征保护型	新西兰	保护自然景观、生物多样性、文化遗产与游憩利用	自然生态系统独特性、国家代表性、景观价值、科学教育价值

美国要求新建国家公园区域必须满足国家重要性、适宜性和可行性的标准。在国家重要性方面，需符合：①代表某一特定类型资源；②在说明国家遗产的自然文化主题方面具有特殊的价值或品质；③为公共娱乐或科学研究提供了最佳的机会；④具有高度的完整性。对国家具有重要意义的地区也必须符合适宜性和可行性标准。一个地区要适合纳入国家公园系统，必须具有在国家公园系统中尚未充分体现的自然文化主题或娱乐资源类型。通过将拟建地区与国家公园系统中的其他单位进行比较，以确定其在性质、质量、数量或资源组合方面的差异或相似之处以及公众享受的机会，从而确定是否具有充分的代表性。在可行性方面，一个地区的自然系统或历史环境必须具备足够的规模和适当的条件配置，同时具有以合理成本进行有效管理的潜力。重要的可行性因素包括土地所有权、购置成

本、生命周期维护成本、获取途径、对资源的威胁以及对工作人员或开发需求①。新西兰的本土物种、栖息地、生态系统和自然特征及其保护在国际上具有重要意义，该国许多本土物种是特有的②。根据 IUCN 的定义，新西兰要求国家公园的建立需要满足以下主要标准③：①必须具有代表性的地貌景观或特殊动植物群落；②荒野区、限制自然区、管理自然区、旅游区以及人类活动带、文物古迹带或考古专用带有机结合的相关区域均可成为国家公园；③禁止自然资源的过度开发；④公园内具有行政管理区和公共旅游区，并存在限制自然区、管理自然区和荒野区等分区；⑤应向社会开放，并与自然保护职能相结合。

2.4 建设原则

建立国家公园制度已成为国际社会保护和开发自然与文化遗产资源的普遍做法。根据国际经验，国家公园制度建设总体上有三个原则，即以人为本、国家主导和因地制宜。

以人为本原则是国家公园最基本的原则和属性。根据 IUCN 的定义，建立国家公园主要是为公共福利，并实现宝贵的自然和文化遗产资源的可持续发展。

国家主导原则主要体现在国家公园统一命名制度和统一管理制度上。为了监督国家公园的管理制度，美国设立了隶属于内政部的国家公园管理局，地方政府无权干预国家公园的管理。这种国家导向、统一管理的制度有两个优点：一是品牌的聚集和放大效应。目前，美国国家公园已成为国家形象的一部分，黄石国家公园、大峡谷国家公园等主要国家公园已发展成为世界级的旅游目的地；二是公民的娱乐权利受到政府的尊重和保障，增强了公民的自豪感和归属感。各国政府普遍通过建立国家公园制度来加强国家认同和培养文化自信。

国家公园制度虽然起源于美国，但其管理模式分为不同的类别，体现了"因地制宜"的原则。世界国家公园一般有四种典型的管理模式：以国家认同为核心的集中式管理模式、以市民游憩为驱动的协同管理模式、以自然保护为基础的属地自治管理模式和以生态旅游为导向的可持续管理模式④，也可以大致分为中央

---

① Criteria for New National Parks. http://www.npshistory.com/brochures/criteria-parklands-2005.pdf.

② New Zealand Conservation Authority. General Policy for National Parks. https://www.doc.govt.nz/globalassets/documents/about-doc/role/policies-and-plans/general-policy-for-national-parks.pdf.

③ 中国风景园林网. 特许经营打造新西兰"绿色花园". (2014-03-26). http://www.chla.com.cn/htm/2014/0326/205036.html.

④ DENG Z M. Three principles of the establishment of national park system and their implications for China's practice. Open Journal of Business and Management, 2016, 4 (3): 401-407.

集权型、地方自治型和综合管理型三种模式①。

2.5 管理模式

自世界国家公园运动开展以来，国家公园制度不断得到优化和完善。如上所述，国家公园的管理总体上包括中央集权型、地方自治型和综合管理型三种模式。各国建立了专门的国家公园管理机构，但由于其土地权属特性不同，形成了各具特色的管理模式。

由图 2-3 可以看出，无论国家为何种性质，大多数国家公园采取国家政府管理或下级国家机构管理的方式，占总数的一半以上。另外，有少部分国家公园属多机构联合管理，而极少数国家公园由个人土地所有者管理。由国家政府管理或国家机构与当地社区联合管理的方式可最大限度地利用可获得的资源，提高国家公园的管理效率，进而保障其社会效益的实现。

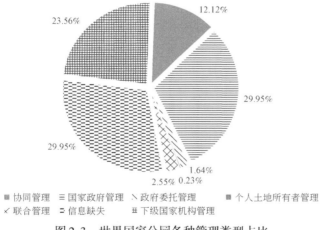

图 2-3 世界国家公园各种管理类型占比

1) 中央或联邦政府垂直管理模式

中央或联邦政府垂直管理模式具有执行力强、效率高的优点，但其灵活程度较弱，人员调度和资金配置面临较大压力，社群利益阻力较大。采用中央或联邦政府垂直管理方式的代表性国家有美国、芬兰和挪威等。这种管理方式以中央政府为主导，赋予国家政府机构决策权威，通过指令或咨询方式来指导管理决

---

① 卢琦，赖政华，李向东 . 世界国家公园的回顾与展望 . 世界林业研究，1995，（1）：35-40.

策①，并采取强制手段应对不稳定因素。国家公园制度的存在、运行和完善是由中央政府的财政权力和完善的制度安排保证的。例如，美国拥有一个垂直统一的管理体系，从内政部下属的国家公园管理局（National Park Service）到地方管理局等分支机构实行垂直管理，国家公园管理局充当公共服务机构，直接代表国会管理国家公园内的资源，而各州和地方政府的行政执行权力有限。美国国家公园的规划和设计统一由国家公园管理局内设的丹佛服务中心（Denver Service Center）完成，确保美国国家公园的规划和设计风格整体一致。国家公园的管理人员由国家公园管理局设立的培训中心进行培训和考核。国家公园的经费主要由美国国会拨款，少量门票收入用于环保宣传，而特许经营收入则用来补偿国家公园的运营成本②。

2）地方政府自治管理模式

地方政府自治管理模式的灵活性高，但其缺点在于各个国家公园的发展定位和政策制定容易受到政府机构主管领导的个人主观思想影响，较难形成完善统一的国家公园管理体系。采用地方政府自治管理方式来处理国家公园事务的代表性国家包括澳大利亚和德国等。中央政府只负责制定宏观政策和立法，各领地属地管理部门享有自主权和决定权，负责制定本地国家公园相关管理规划、政策及法律法规。各地区设有地区国家公园办事处，各县（市）设有国家公园管理办公室。例如，澳大利亚采取的属地自治管理模式始于自然保护这一原则，这与澳大利亚的行政体制和立法结构密切相关。在不违背"自然保护"原则的前提下，各州可以根据自身情况，自主选择具体管理模式。澳大利亚政府通过环境和能源部下属的国家公园管理局制定法律和政策，优先保护自然。各州设立了国家公园管理执行机构，人员通过社会公开招聘，并签署劳动合同。澳大利亚政府还注重社会公众参与，并充分发挥非营利性环保组织的作用，调动众多志愿者无偿参与国家公园管理事务。

3）综合管理模式

综合管理模式的优点在于可有效化解国家公园及周边居民的权属和利益冲突，通过多方管理力量有效制衡并发挥灵活的能动性。然而，这种模式的局限性在于管理效率较低，且管理目标推进存在不确定性。采用综合管理模式的典型国家包括英国、加拿大和日本等。综合管理模式强调政府、社区和非政府组织等多

---

① 周武忠，徐媛媛，周之澄. 国外国家公园管理模式. 上海交通大学学报，2014，48（8）：1205-1212.

② 钟赛香，谷树忠，严盛虎. 多视角下我国风景名胜区特许经营探讨. 资源科学，2007，（2）：34-39.

方利益相关者共同参与国家公园相关事务管理，共同享有决策权并共同分担义务[①]。政府部门主要负责为国家公园管理提供法律保障、宏观规划和资金等。当地居民则发挥着保存自然遗产和原生文化、自发提供经济动力的作用（图 2-4）。例如，英国大部分国家公园土地为私有，因此综合管理模式成为英国大部分国家公园的选择。在国家公园管理中，英国注重利益相关者和当地居民的参与，国家公园管理局的人员由国家和地方政府的代表共同组成。

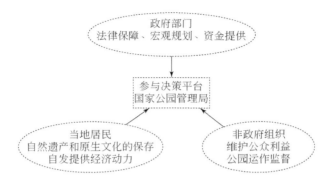

图 2-4　综合管理模式的参与主体图示

2.6　发 展 模 式

由于自然条件、管理目标、制度安排、管理实施、土地所有权、资金安排等的差异，目前世界上已形成了美国荒野模式、欧洲模式、澳大利亚模式、英国模式等具有代表性的国家公园发展模式[②③]。这些模式体现了不同国情下各国国家公园治理的多重价值取向和战略侧重（表 2-3）[④]。

美国国家公园的建立源于私有财产扩张对美国自然资源构成的威胁，它拥有很强的保护和公共享受的职责，并将自然资源的管理置于国家利益之中，通过将原始荒野地区搁置或国有化来造福国家。因此，美国国家公园采用荒野模

① 周武忠，徐媛媛，周之澄. 国外国家公园管理模式. 上海交通大学学报（自然版），2014，48（8）：1205-1212.

② WESCOTT G C. Australia's distinctive national parks system. Environmental Conservation，1991，18（4）：331-340.

③ BARKER A, STOCKDALE A. Out of the wilderness? Achieving sustainable development within Scottish national parks. Journal of Environmental Management，2008，88（1）：181-193.

④ 肖练练，钟林生，周睿，等. 近 30 年来国外国家公园研究进展与启示. 地理科学进展，2017，36（2）：244-255.

式（社会与自然分离）。这种模式也被其他国家采用，加拿大和墨西哥是率先效仿美国的国家，随后是新西兰、澳大利亚和印度尼西亚。欧洲多数国家公园的发展模式较倾向于学习美国模式，实行较为严格的保护，但随着国家公园理念的发展，社会和经济目标仅次于自然资源保护。而英国则实施不同于欧洲其他国家的模式，游憩被置于国家公园发展目标的首位，国家公园对应 IUCN 中的第 V 类保护地。

表 2-3　世界具有代表性的国家公园发展模式[①]

国家公园发展模式	特征
美国荒野模式	IUCN 第 II 类保护地 首要目标是保护和提供游憩机会 国有土地所有权 主要包括大片的原始荒野地 宏观的组织机构内独立国家公园管理主体，如国家公园管理局
欧洲模式	IUCN 第 II 类保护地 首要目标是保护 土地公有制和土地私有制并存 居住地景观和非居住地景观的混合
澳大利亚模式	IUCN 第 II 类保护地 国家公园定义比 IUCN 更严格，其设定的目的主要是保护 各州政府对其辖区内的国家公园行使保护职责，并提供财政和人力支持 自然保护局是自然保护机构，对外代表国家签订相关协议，对内协调各州、地区之间的自然保护合作
英国模式	IUCN 第 V 类保护地 包括两个目标：保护自然景观和提供游憩机会 国家公园还负责提升社会经济福利 当目标之间发生冲突时，将依据桑福德原则进行调整 土地私有制 居住地景观为主 国家公园管理机构是法定的规划机构

　　土地利用分区通常被用于最大限度地减少潜在的土地利用冲突。日本、英国、意大利、德国、法国、韩国等采用了分区制度。即使是较早建立国家公园的国家也逐渐开始将私人拥有的土地纳入国家公园，而不是政府拥有的土地。加拿

---

　　① 肖练练，钟林生，周睿，等. 近30年来国外国家公园研究进展与启示. 地理科学进展，2017，36（2）：244-255.

大的班夫国家公园和新西兰的汤加里罗国家公园最初是通过收购当地居民拥有的土地而建立的，但现在土地所有权已转让给当地居民，土地已成为私人所有。总体而言，国际上以分区制度为基础的国家公园可能会逐渐增加①。

---

① YUI M. The Development of National Parks and Protected Areas around the World. https：//necta. jp/english/pdf/national_parks. pdf.

第 3 章 世界国家公园的管理特征

3.1 管理体制

各国国家公园管理体制因其国情的差异而有所不同。从表 3-1 可以看出[①]，对于世界三种管理体系的国家公园，其主管部门既有国家政府专门设置的国家公园管理局，也有林业和环保部门负责全国国家公园管理的情况；既有中央直管，又有地方自治，还有上下结合等不同模式。不同的管理体制受各国政府管理制度的影响，主要国家的国家公园有着明确的相对独立的管理机构。

表 3-1 各国家和地区国家公园管理体系类型及主要管理部门[①]

国家	管理体系类型	主要管理部门
美国	自上而下型管理体系	美国内政部下属国家公园管理局（National Park Service）
加拿大	自上而下型管理体系	加拿大公园管理局（Parks Canada Agency）
新西兰	自上而下型管理体系	保护部（Department of Conservation）
俄罗斯	自上而下型管理体系	俄罗斯环境保护和自然资源部下属环境保护与国家政策司
法国	自上而下型管理体系	国家自然保护部下属国家公园公共机构
南非	自上而下型管理体系	南非国家公园管理局（SAN Parks）
德国	地方自治型管理体系	各州政府设立环境部统管
英国	综合型管理体系	各国家公园管理局（National Park Authorities）及其他土地所有者
日本	综合型管理体系	国家环境省下设自然环境局、都道府县环境事务所
韩国	综合型管理体系	国家公园管理公团本部（中央）、地方管理事务所等

目前建立了国家公园的多数国家和地区都成立了国家公园管理局，并通过立法来确立该机构的地位。其中，英国、德国、意大利、挪威、澳大利亚、新西

---

① 蔚东英. 国家公园管理体制的国别比较研究：以美国、加拿大、德国、英国、新西兰、南非、法国、俄罗斯、韩国、日本 10 个国家为例. 南京林业大学学报（人文社会科学版），2017，17（3）：89-98.

兰、日本、韩国等不少国家将国家公园及类似保护区的管理工作纳入国家环境保护行政主管部门的工作范围，统一规划、指导和监督管理（表3-2）①。而美国的国家公园管理机构则隶属于内政部。

表3-2 主要国家环境主管部门的国家公园相关下属机构设置①

环境行政主管部门	内设机构及核心业务			附属机构
	第一级机构	第二级机构	第三级机构	
日本环境省	自然环境局部	国立公园课		
韩国环境部		自然资源处（野生动植物/生物多样性、国立公园）		韩国国家公园管理公团
澳大利亚可持续发展、环境、水、人口与社区部	国家公园主管	公园与保护区项目第一助理国务卿		大堡礁海洋公园管理局国家公园指导委员会
		公园运营及旅游事务第一助理国务卿		
		国家公园与生物多样性科学助理国务卿		
巴西环境部	生物多样性和森林秘书处	保护区部门		
德国联邦环境、自然保护、核安全和消费者保护部	自然保护和自然资源的可持续利用总司	自然资源可持续利用司	国家自然和文化景观、旅游和运动处	
英国环境、食品和农村事务部	环境与农村工作组			国家公园管理局
意大利环境、国土和海洋部	自然与海洋保护总局	保护和提升风景的环境价值		
		自然保护区的监管与信息公开		
挪威环境局	自然环境司	各类保护区、国家公园、生物多样性、河道保护、交通/产业环境影响评价		

---

① 殷培红，和夏冰. 建立国家公园的实现路径与体制模式探讨. 环境保护，2015，（14）：24-29.

3.2 功 能 分 区

功能区划是实现国家公园规划管理目标的重要机制。不同地区的国家公园具有多样性，且其自然地理、社会经济和保护对象等存在差异，因此功能区划也有所不同。每个国家都有各自的国家公园功能区划理论框架，一般包括确定保护对象和目标、资源评估、管理决策和制定监测方案。保护对象是国家公园生物多样性的特征或要素，如生物特征或环境因素，保护目标的确定要根据主要保护对象及其带来的利益重要性来确定。资源评估是国家公园功能区划的重要方法之一，根据评估结果，将国家公园划分为几个功能区。管理决策通过功能区划协调不同保护对象与管理者或参与者之间的关系，实现管理效益最大化。国家公园监测方案是为保护对象的动态控制和功能分区的完善而制定的，是完善或修订国家公园功能区划的重要依据。生态环境、生物多样性保护、社区发展和游客体验教育已成为各国国家公园监测的指标[1]。

总体而言，国家公园的功能分区与联合国教育、科学及文化组织（UNESCO，简称联合国教科文组织）提出的三圈层结构（核心区、缓冲区和过渡区），具有一些相似之处：①将保护和利用功能分开进行管理；②与同心圆模式类似，各功能区保护性逐渐降低，而利用性逐渐增强；③面向公众开放的国家公园都会设有集中的服务设施区（表3-3）[2]。人地关系的紧张程度决定了每个功能区的面积。

表3-3 加拿大、美国、日本和韩国国家公园各功能区管理要求对比[2]

国家	主要功能区			
	严格保护区	重要保护区	限制性利用	利用区
加拿大	Ⅰ特别保护区。不允许公众进入，只有严格控制下允许的非机动交通工具的进入	Ⅱ荒野区。允许非机动交通工具的进入。允许对资源保护有利的少量分散的体验性活动。允许原始的露营以及简易的、带有电力设备的住宿设施	Ⅲ自然环境区。允许非机动车以及严格控制下的少量机动车进入。允许低密度的游憩活动和小体量、与周边环境协调的供游客使用的住宿设施，以及半原始的露营	Ⅳ户外娱乐区。户外游憩体验的集中区，允许有设施和少量对大自然景观的改变。可使用基本服务类别的露营设备以及小型分散的住宿设施。Ⅴ公园服务区。允许机动交通工具进入。设有游客服务中心和园区管理机构。根据游憩机会安排服务设施

---

① FU M D, TIAN J L, REN Y H, et al. Functional zoning and space management of Three-River-Source National Park. Journal of Geographical Sciences, 2019, 29 (12): 2069-2084.

② 黄丽玲，朱强，陈田. 国外自然保护地分区模式比较及启示. 旅游学刊，2007，22 (3): 18-25.

国家	主要功能区			
	严格保护区	重要保护区	限制性利用	利用区
美国	Ⅰ原始自然保护区。无开发，人车不能进入	Ⅱ特殊自然保护区/文化遗址区。允许少量公众进入，有自行车道、步行道和露营地，无其他接待设施		Ⅲ公园发展区。设有简易的接待设施、餐饮设施、休闲设施、公共交通和游客中心。Ⅳ特别使用区。单独开辟出来做采矿或伐木用的区域
日本	—	Ⅰ特级保护区。维持风景不受破坏，允许游客进入，有步行道和当地居民。Ⅱ特别地区（Ⅰ类）。在特级保护区之外，尽可能维持风景完整性，有步行道和居民	Ⅲ特别地区（Ⅱ类）。有较多游憩活动，需要调整农业产业结构的地区，有机动车道	Ⅳ特别地区（Ⅲ类）。对风景资源基本无影响的区域，集中建设游憩接待设施。Ⅴ一般地区。为当地居民居住区
韩国	Ⅰ自然保存区。允许学术研究；最基本的公园设施建设；军事、通信、水源保护等必须在此设置的最基本设施；恢复、扩建寺院		Ⅱ自然环境区。不集中建设公园设施、以不改变原有土地类型为原则，允许公众进入	Ⅲ居住区。分为自然居住区和密集居住区。有居住建筑；不污染环境的家庭工业；设有医院、药店、美容院、便利店等为居民提供服务的设施。Ⅳ公园服务区。公共设施、商业和住宿集中区域

　　根据生态系统和文化资源的保护要求以及人类活动和相关开发强度的不同，加拿大将国家公园划分为特别保护区、荒野区、自然环境区、户外娱乐区和公园服务区，以有效地保护自然环境，确保其国家公园为人民服务。其中，特别保护区的目标是包含或支持独特的、受威胁的或濒危的自然或文化价值，或属于最好的自然区域之一的地区，该功能区具有严格的资源保护措施。荒野区的目标是成为自然区域的良好代表，并使其在荒野状态下得到保护，鼓励以最低限度的管理干预使生态系统得以永续。自然环境区的目标是作为自然环境进行管理，为游客提供通过户外娱乐活动体验国家公园的自然和文化遗产价值的机会，这些活动仅需要极少的服务和乡村性质的设施。户外娱乐区的目标是在有限的区域内，让市民了解、欣赏和享受国家公园的遗产价值，以及相关的基本服务和设施，同时尽量减少对国家公园生态完整性的影响。公园服务区的目标是包含游客服务和支持设施的集中社区，主要负责园区的经营管理。根据资源保护程度和可开发利用强度，美国将国家公园划分为原始自然保护区、特殊自然保护区/文化遗址区、公

园发展区和特别使用区，每个分区下面还设置了若干次区。根据保护对象的重要性和开发利用的强度，日本将国家公园分为特级保护区、特别地区（分为Ⅰ、Ⅱ和Ⅲ类）和一般地区。

3.3 经营机制

世界各国的国家公园在经营机制上高度相似，基本按照管理权与经营权相分离的原则。总体而言，存在经营活动的国家公园大都实行特许经营管理制度[①]。国家公园特许经营是在不破坏国家公园生态资源和环境的前提下，以提高公众游憩体验为目的，在规定的范围和数量内，在政府的控制下，不消耗资源，由政府通过竞争选择并经法律授权的特许经营者进行经营活动的过程。特许权费应支付给政府。国家公园的特许经营具有环境友好、公众可进入、特许经营者付费、消费者付费、优化竞争和数量控制等特点，本质上是政府出让的经营活动。各国的资源基础差异很大，但通过国家公园向公众提供的特许服务类似，如食品、住宿、观光和零售。美国、加拿大、新西兰在背景、价值追求和特许经营管理机构的管理模式上各不相同，根据特许经营管理问题的差异，国家公园特许经营的关键主要在于竞争制度、监督制度和融资制度三个方面[②]。

美国的国家公园特许经营合同实行严格分类管理。商业服务分为特许经营合同、商业使用授权和租赁三大类（表3-4）。根据《国家公园管理局组织法》（*National Park Service Organic Act*），国家公园的所有特许费都要上缴给财政部。但为了解决资金短缺和地方管理积极性不高的问题，以及协调中央和地方政府之间的关系和经营管理，1998年的《国家公园管理局特许经营管理促进法案》（*National Park Service Concessions Management Improvement Act of 1998*）和1999年的《特许权使用费80%的使用指南》（*Guidelines for Use of Concession 80 Percent Franchise Fees*）明确规定，特许权使用费的20%以上应上缴联邦预算，80%的费用可供公园使用。

新西兰将特许权方案分为租赁、执照、许可和地役权四种类型。分类管理提高了网络外部性，特别是执照制度和地役权制度的发展已被其他国家和地区所借鉴，并进一步加强了制度平衡。新西兰通过税收和相关法律制度，对年费、监理费和行为费管理，从而加强了特许费的结构性管理。根据合同期限，特许经营合

---

① 田世政，杨桂华. 中国国家公园发展的路径选择：国际经验与案例研究. 中国软科学，2011，(12)：6-14.

② ZHANG H X，LIU Y X. Institutional evolution in concessions management in national parks and the response of China. International Journal of Geoheritage and Parks，2018，6（1）：17-31.

同分为一次性特许经营和长期特许经营，对于对环境影响小、易于管理且与永久性建筑无关的项目，给予不超过三个月的一次性优惠，由环境部下放给地方政府管理权，通过分权管理降低运营成本。

表 3-4   美国、新西兰和加拿大国家公园特许经营的主要类型①

国家	类别	管理对象
美国	特许经营合同	特许经营者向游客提供住宿和零售等商业服务的过程。合同的有效期一般为 10 年，最多不超过 20 年。有必要明确规定特许经营者提供的接待设施与服务的范围和类型。特许经销人收取的服务费须经美国国家公园管理局批准，并与国家公园外同类产品的价格相等
	商业使用授权	对私营企业小型商业活动的授权。必须遵循确保公园合理利用的原则，尽量减少对国家公园自由度和价值的影响，遵循国家公园的管理目标、计划和政策法规
	租赁	在特许经营和商业授权范围之外，美国国家公园管理局拥有的土地或建筑物应根据相关法律法规进行租赁
新西兰	租赁	特许经营者可以在租赁土地上从事独家经营活动
	执照	特许经营者获得在指定土地上从事非独家经营活动的执照
	许可	在不要求土地所有权的情况下，特许经营者获得开展一些经营活动的许可证
	地役权	允许第三方（如政府）在通过与产权人就不可分割土地签订法律协议，维护产权的前提下，开展相关活动
加拿大	执照	特殊活动的许可或批准
	占用租赁	一般与房地产租赁有关
	许可证	事件许可：特定事件的许可 土地使用许可：因工程、研究或其他活动而进入土地的许可
	地役权	支配性地契：任何人以某种方式使用服务性地契的权利

根据所涉及的经营活动与土地之间的关系，加拿大划分了执照、占用租赁、许可证、地役权等各种特许方案，每个方案都要按照《加拿大国家公园法》（*Canada National Parks Act*）、《加拿大国家公园商业条例》（*National Parks of Canada Businesses Regulations*）、《加拿大国家公园租赁和占用许可条例》（*National Parks of Canada Lease and License of Occupation Regulations*）等法律法规进行，进

---

① ZHANG H X, LIU Y X. Institutional evolution in concessions management in national parks and the response of China. International Journal of Geoheritage and Parks, 2018, 6 (1): 17-31.

一步保证制度的原有平衡。根据《加拿大公园管理局法》（*Parks Canada Agency Act*），加拿大公园管理局有权保留特许经营的收益，以确保国家公园的日常运营和游客服务质量。国家公园保留了近 1200 万加元的运营收入。收入保持制度促进了国家公园管理机构对特许权的管理，但也可能导致旅游项目的快速扩张，使特许权管理机构陷入低效阶段，无法遵循国家公园的建设目标。

3.4　资金保障机制

从资金保障机制看，无论采用哪种国家公园管理模式，国家公园的资金来源都是以政府拨款为主，国家公园经营收入和社会捐赠为辅的模式。不同管理模式下政府拨款的区别在于，中央或联邦政府垂直管理模式下，中央或联邦政府拨款占据最大份额；其他管理模式下，地方政府财政拨款占据重要地位。美国、俄罗斯、荷兰、新西兰等国家的国家公园资金主要依靠联邦中央财政拨款；而日本、德国、澳大利亚等国家是由地方政府提供重要支持（表 3-5）。

表 3-5　主要国家的国家公园资金来源比较[①]

国家	资金主要来源	资金其他来源
美国	国会拨款	国家公园内的特许经营收入、企业的直接或间接公益捐款
日本	国家环境厅和各级地方政府拨款	公园自营收入、自筹、贷款、引资等
德国	联邦州负责融资	第三方资助
澳大利亚	属于联邦政府的国家公园由联邦政府出资建设；州属国家公园由州政府负责规划并提供经费	私人资助
俄罗斯	国家财政直接拨款、特别自然保护区税费、公园自营收入。其中，自营收入甚至可占到俄罗斯国家公园总运营经费的一半以上	个人、企业、非政府组织和环保基金的捐款
荷兰	政府财政支持	除一个国家公园需要购买门票，其余国家公园均免费
新西兰	国家财政支出	基金项目和国际项目合作

美国国家公园管理局主要由国会通过年度拨款和一些强制性基金提供资金。联邦政府资助是迄今为止国家公园管理局的最大资金份额，每年提供数十

---

① 林孝错，张伟. 中外国家公园建设管理体制比较. 工程经济，2016，26（9）：68-71.

亿美元的资金。政府的资助通常用于可自由支配支出和强制性支出。其中，可自由支配支出包括公园的正常运营和特殊活动，而强制性支出用于由特定立法创建和授权的项目①。越南国家公园的资金主要来自国家预算，其中51%的资金来自中央预算，76%的资金来自省级预算②。

除政府拨款外，国家公园经营收入、企业和个人捐赠等方式已成为国家公园资金中日益重要的组成部分。美国国家公园系统还通过公园门票和使用费以及私人慈善事业获得资金③。私人慈善事业主要来自非营利组织，如美国国会成立了国家公园基金会，是国家公园管理局的官方慈善合作伙伴，它提供私人支持并建立战略伙伴关系，每年能筹集数千万美元的捐款，以加强美国国家公园的管理。在英国，全球主要公司将通过创新的新融资机制为英国国家公园的重要自然恢复项目提供资金④。在越南，来自各组织的支持、保护项目的资金、森林环境服务和旅游活动的收入也构成了国家公园的总资金，约一半的国家公园将其总资金的40%~60%用于保护活动②。日本、德国、澳大利以及加拿大等国的国家公园也设有社会捐赠机构⑤。

3.5 旅游管理

国家公园的生态系统通常具备典型性和代表性，在国家公园开展生态旅游和游憩活动，也是发挥生态系统服务功能的一种具体表现形式⑥。在国外，美国和加拿大等国一直倡导在国家公园开展游憩活动，影响着世界其他各国国家公园的游憩发展理念和管理方式。同时，美国形势也在发生着微妙的变化，同样是在美国，20世纪80年代出现的生态旅游与早期的户外游憩产生融合，两者之间的界

---

① WOOD P. How Are National Parks Funded? . (2024-05-17). https://www. unitedstatesnow. org/how-are-national-parks-funded. htm#: ~ : text = AS% 20FEATURED% 20ON% 3A% 20National% 20parks% 20in% 20the% 20US, funding% 20by% 20the% 20government% 2C% 20user% 20fees% 2C% 20and% 20donations.

② AN L T, MARKOWSKI J, BARTOS M. The comparative analyses of selected aspects of conservation and management of Vietnam's national parks. Nature Conservation, 2018, 25: 1-30.

③ National Parks Fundation. How Are National Parks Funded? . https://www. nationalparks. org/connect/blog/how-are-national-parks-funded.

④ National Parks UK. Press Release-major Global Companies to Fund Vital Nature Restoration Projects in the UK's National Parks. (2021-10-06). https://www. nationalparks. uk/2021/10/06/press-release-majorglobal-companies-to-fund-vital-nature-restoration-projects-in-the-usk-natinal-parks-through-innovative-new-financing-facility/.

⑤ 林孝锴, 张伟. 中外国家公园建设管理体制比较. 工程经济, 2016, 26 (9): 68-71.

⑥ 张玉钧, 薛冰洁. 国家公园开展生态旅游和游憩活动的适宜性探讨. 旅游学刊, 2018, 33 (8): 14-16.

限变得逐渐模糊起来，意味着生态旅游有时成了户外游憩的同义词，甚至在很多场合生态旅游反倒用得多了起来。受其影响，近几年国外有些国家的国家公园在开展游憩活动或对外宣传时索性开始直接使用生态旅游了。例如，澳大利亚的国家公园，生态旅游就变得更加常见，但前提是开展生态旅游活动的国家公园需要具备生态旅游资质。不同管理模式的国家公园，其旅游发展模式也展现出各自的特征（表3-6）。

表3-6 代表性国家的国家公园旅游发展模式①

国家	旅游发展定位	旅游开发策略	旅游管理体制	主要经营方式
美国	保护至上的公益性旅游	保护为首，适度开发	中央集权式垂直管理	特许经营
英国	保护前提下追求人与地关系和谐与可持续性	保护为首的营利性开发	多方综合协调管理	自主经营
新西兰	保护前提下的国家支柱产业	保护前提下的旅游产业价值最大化	垂直管理和公众参与管理	特许经营
日本	保护至上的公益性旅游	权利保护，限制开发	中央和地方政府共同管理	限制经营

美国国家公园旅游发展的定位是公益性和制度性，秉持"完全保护，适度开发"的理念进行旅游规划与设计，以确保规划体系的科学性和规范性。

英国非常重视国家公园的旅游规划，其规划审批权在国家公园管理部门。英国国家公园的旅游开发还非常重视园内的生物多样性和土地合理利用，在保护自然资源的前提下，追求经济与生态环境的可持续发展。国家公园管理局支持促进和发展可持续旅游和娱乐，以进一步实现其目标，并为农村地区提供支持。每年有超过9000万人参观英国国家公园及其周边地区。国家公园的游客在当地商店和企业消费超过40亿英镑，不仅增加了收入和就业机会，还支持了农村服务业的发展。旅游业是英国大多数国家公园最大的经济部门②。旅游业是新西兰重要的支柱产业，国家公园的旅游开发与环境保护齐头并进，形成独特的可持续旅游模式。日本国家公园的旅游发展定位从最初的注重营利转变为注重环境保护和服务的公益性旅游。根据划分的国家公园土地的不同类型，其旅游开发有不同的限制要求。

---

① 马勇，李丽霞. 国家公园旅游发展：国际经验与中国实践. 旅游科学，2017，31（3）：33-50.

② National Parks England. Sustainable Tourism and Recreation. https://www. nationalparksengland. org. uk/home/about- national- parks- england/policy/our- work- pages2/sustainable- tourism- and- recreation.

3.6 社区参与

国家公园的建立不仅是为了保护生态系统和生物多样性，也是为了保护社区居民的利益及其生活环境。因此，社区居民应该参与国家公园治理，而社区参与也被认为是国家公园管理、保护和发展的新范式①。随着国家公园的发展和管理系统的完善，公众参与已成为国家公园保护和治理的重要组成部分。

完善的法律体系是社区参与制度得以实施的有力保障。美国国家公园管理局在制定管理决策时，需要通过各种法律和政策使社区充分参与国家公园管理。新西兰保护管理局等机构邀请社区居民等就一般政策草案、保护管理战略和国家公园管理计划以及关于建立国家公园等具体建议发表意见②。

社区参与包括社区参与管理、社区共同管理和社区主导管理三种模式。其中，社区参与管理是国家公园管理、规划和政策决策过程中最基本的管理模式和核心理念。这种模式既有利于国家公园的生态保护，也有利于维护社区居民的利益，是国家公园发展的关键问题，也是国家和社区共同发展的重要手段。在这种模式下，社区成员可以提出具体的项目或决策，但不一定拥有决策权。该模式有助于调动社区居民的积极性，提高国家公园的管理效率，增强保护决策的合法性和合理性。社区共同管理是一种更加平等的管理模式。在这种模式下，当地资源使用者和其他利益相关者共同分担责任，同时共同分享权利及利益。这是一项包容性战略，旨在促进所有相关行为体的参与。但是，社区居民参与国家公园的程度明显受到经济状况的影响，特别是在经济不发达地区的社区更为显著。社区主导管理模式强社区在管理过程中的主导作用，可以看作是一种"自下而上"的管理模式。在这种模式下，决策和管理活动主要由利益相关群体和社区或代表社区的组织进行。社区对国家公园管理具有重大影响，甚至可能拥有最终的决策权。这种模式的核心理念是，那些最接近并最依赖国家公园资源的人，应该在这些资源的管理和使用方面拥有最大的发言权③。

---

① CHEN S G, SUN X X, SU S P. A study of the mechanism of community participation in resilient governance of national parks: with Wuyishan National Park as a case. Sustainability, 2021, 13 (18): 10090.

② New Zealand Conservation Authority. General Policy for National Parks. https://www.doc.govt.nz/globalassets/documents/about-doc/role/policies-and-plans/general-policy-for-national-parks.pdf.

③ ZHANG Y Y, WANG Z, SHRESTHA A, et al. Exploring the main determinants of national park community management: evidence from bibliometric analysis. Forests, 2023, 14 (9): 1850.

第二部分

典型地区国家公园管理体制研究

第4章 北美典型地区国家公园

美国和加拿大在全球属于首批建立国家公园的国家,两者都在 19 世纪后半叶建立了各自的第一个国家公园。目前,美国有 63 个国家公园,总面积达到 210 000km²,占国土面积的 2.18%。加拿大于 1885 年建立了第一个国家公园,目前共有 37 个国家公园和 10 个国家公园保护区,总面积达到 377 000km²,占国土面积的 3.78%。

4.1 国家公园概况

4.1.1 美国

美国于 1872 年建立了世界上第一个国家公园——黄石国家公园(Yellowstone National Park),并长期引领着全球国家公园事业的发展。截至 2024 年 4 月,美国共建立了 63 个国家公园(表 4-1),由国家公园管理局(National Park Service, NPS)统一管理。NPS 隶属于美国内政部(Department of the Interior, DOI),主要负责美国境内国家公园、国家历史遗迹、历史公园等自然及历史遗产的保护。

表 4-1 美国国家公园一览表①

国家公园名称	所属州	建立年份	面积/km²
阿卡迪亚国家公园	缅因州	1919	198.6
美属萨摩亚国家公园	美属萨摩亚	1988	33.4
拱门国家公园	犹他州	1971	310.3
恶地国家公园	南达科他州	1978	982.4
大弯国家公园	得克萨斯州	1944	3 242.2
比斯坎湾国家公园	佛罗里达州	1980	700.0
甘尼逊黑峡谷国家公园	科罗拉多州	1999	124.6

---

① On the World Map. U. S. National Park Maps. https://ontheworldmap. com/usa/national-park/.

国家公园名称	所属州	建立年份	面积/km²
布莱斯峡谷国家公园	犹他州	1928	145.0
峡谷地国家公园	犹他州	1964	1 366.2
圆顶礁国家公园	犹他州	1971	979.0
卡尔斯巴德洞窟国家公园	新墨西哥州	1930	189.3
海峡群岛国家公园	加利福尼亚州	1980	1 009.9
康加里国家公园	南卡罗来纳州	2003	108.0
火山口湖国家公园	俄勒冈州	1902	741.5
库雅荷加谷国家公园	俄亥俄州	2000	131.8
死亡谷国家公园	加利福尼亚州、内华达州	1994	13 793.3
德纳里国家公园	阿拉斯加州	1917	19 185.8
海龟国家公园	佛罗里达州	1992	261.8
大沼泽地国家公园	佛罗里达州	1934	6 106.5
北极之门国家公园	阿拉斯加州	1980	30 448.1
圣路易弧形拱门国家公园	犹他州	2018	0.8
冰川国家公园	蒙大拿州	1910	4 100.0
冰川湾国家公园	阿拉斯加州	1980	13 044.6
大峡谷国家公园	亚利桑那州	1919	4 862.9
大提顿国家公园	怀俄明州	1929	1 254.7
大盆地国家公园	内华达州	1986	312.3
大沙丘国家公园	科罗拉多州	2004	434.4
大雾山国家公园	北卡罗来纳州、田纳西州	1934	2 114.2
瓜达卢佩山国家公园	得克萨斯州	1972	349.5
哈莱亚卡拉国家公园	夏威夷州	1961	135.5
夏威夷火山国家公园	夏威夷州	1916	1 395.4
温泉国家公园	阿肯色州	1921	22.5
印第安纳沙丘国家公园	印第安纳州	2019	62.1
皇家岛国家公园	密歇根州	1940	2 314.0
约书亚树国家公园	加利福尼亚州	1994	3 217.9
卡特迈国家公园	阿拉斯加州	1980	14 870.3
基奈峡湾国家公园	阿拉斯加州	1980	2 710.0
国王峡谷国家公园	加利福尼亚州	1940	1 869.2

续表

国家公园名称	所属州	建立年份	面积/km²
科伯克谷国家公园	阿拉加斯州	1980	7 084.9
克拉克湖国家公园	阿拉加斯州	1980	10 602.0
拉森火山国家公园	加利福尼亚州	1916	431.4
猛犸洞穴国家公园	肯塔基州	1941	293.3
梅萨维德国家公园	科罗拉多州	1906	212.4
雷尼尔山国家公园	华盛顿州	1899	956.6
新河峡谷国家公园	西弗吉尼亚州	2020	28.4
北瀑布国家公园	华盛顿州	1968	2 042.8
奥林匹克国家公园	华盛顿州	1938	3 733.8
化石林国家公园	亚利桑那州	1962	895.9
尖顶国家公园	加利福尼亚州	2013	108.0
红杉树国家公园	加利福尼亚州	1968	562.5
落基山国家公园	科罗拉多州	1915	1 075.8
萨瓜罗国家公园	亚利桑那州	1994	375.9
美洲杉国家公园	加利福尼亚州	1890	1 635.2
谢南多厄国家公园	弗吉尼亚州	1935	811.2
西奥多·罗斯福国家公园	北达科他州	1978	285.1
维尔京群岛国家公园	美属维尔京群岛	1956	60.9
樵夫国家公园	明尼苏达州	1975	883.1
白沙国家公园	新墨西哥州	2019	592.2
风洞国家公园	南达科他州	1903	137.5
兰格尔—圣伊莱亚斯国家公园	阿拉加斯州	1980	33 682.6
黄石国家公园	怀俄明州、蒙大拿州、爱达荷州	1872	8 983.2
约塞米蒂国家公园	加利福尼亚州	1890	3 082.7
宰恩国家公园	犹他州	1919	595.9

4.1.2 加拿大

加拿大有 37 个国家公园和 10 个国家公园保护区，保护着约 336 343km² 的加拿大土地（表 4-2），约占全国土地面积的 3.3%。加拿大公园管理局（Parks

Canada）负责管理加拿大国家公园和国家公园保护区，首要任务为保护这些地区的生态完整，其次是帮助人们探索研究和享受这些区域的自然空间。

表4-2　加拿大国家公园一览表①

国家公园名称	所属地区	建立年份	面积/km²
班夫国家公园	阿尔伯塔省	1885	6 641.0
冰川国家公园	不列颠哥伦比亚省	1886	1 349.3
幽鹤国家公园	不列颠哥伦比亚省	1886	1 313.1
沃特顿湖国家公园	阿尔伯塔省	1895	505.0
贾斯珀国家公园	阿尔伯塔省	1907	10 878.0
麋鹿岛国家公园	阿尔伯塔省	1913	194.0
勒维斯托克山国家公园	不列颠哥伦比亚省	1914	259.7
千岛群岛国家公园（原圣劳伦斯群岛国家公园）	安大略省	1914	24.0
皮利角国家公园	安大略省	1918	15.0
库特尼国家公园	不列颠哥伦比亚省	1920	1 406.4
伍德布法罗国家公园	阿尔伯塔省和西北地区	1922	44 741.0
阿尔伯特王子国家公园	萨斯喀彻温省	1927	3 874.3
雷丁山国家公园	曼尼托巴省	1929	2 973.1
乔治亚湾群岛国家公园	安大略省	1929	13.5
布雷顿角高地国家公园	新斯科舍省	1936	948.0
爱德华王子岛国家公园	爱德华王子岛省	1937	21.5
芬迪国家公园	新布伦瑞克省	1948	205.9
特拉诺华国家公园	纽芬兰和拉布拉多省	1957	399.9
莫里斯国家公园	魁北克省	1970	536.1
格罗斯莫恩国家公园	纽芬兰和拉布拉多省	1973	1 805.0
克吉姆库吉克国家公园	新斯科舍省	1974	403.7
佛罗伦国家公园	魁北克省	1974	240.4

① MCNAME K，FINKELSTEIN M W. National Parks of Canada. (2012-01-17). https://www.thecanadian-encyclopedia.ca/en/article/national-parks-of-canada.

续表

国家公园名称	所属地区	建立年份	面积/km²
克鲁恩国家公园保护区	育空地区	1976	21 980.0
纳汉尼国家公园保护区	西北地区	1976	30 000.0
普卡斯克瓦国家公园	安大略省	1978	1 877.8
库希布瓜国家公园	新布伦瑞克省	1979	239.2
奥尤特克国家公园	努纳武特地区	1976	19 089.0
草原国家公园	萨斯喀彻温省	1981	906.4
敏甘群岛国家公园保护区	魁北克省	1984	110
伊瓦维克国家公园	育空地区	1984	9 750.0
古丁尼柏国家公园	努纳武特地区	1988	37 775.0
布鲁斯半岛国家公园	安大略省	1987	156.0
奥拉维克国家公园	西北地区	1992	12 200.0
瓜依哈纳斯国家公园保护区和海达文化遗址	不列颠哥伦比亚省	1993	1 495.0
温图特国家公园	育空地区	1995	4 345.0
瓦普斯克国家公园	曼尼托巴省	1996	11 475.0
图克图特诺革特国家公园	西北地区	1998	18 890.0
谢米里克国家公园	努纳武特地区	1999	22 252.0
太平洋沿岸国家公园保护区	不列颠哥伦比亚省	2001	285.8
乌库什沙里克国家公园	努纳武特地区	2003	20 500.0
托恩盖特山月永国家公园	纽芬兰和拉布拉多省	NPR 2005；NP 2008	9 700.0
海湾群岛国家公园保护区	不列颠哥伦比亚省	2010	36.0
黑貂岛国家公园保护区	新斯科舍省	2011	34.0
纳茨伊奇沃国家公园保护区	西北地区	2012	4 850.0
考苏伊克国家公园	努纳武特地区	2015	11 000.0
米利山国家公园保护区	纽芬兰和拉布拉多省	2015	10 700.0
红河国家城市公园	安大略省	2015	79.1
塞甸尼内尼国家公园保护区	西北地区	2019	14 000.0

4.2 管理体制

4.2.1 法律体系

4.2.1.1 美国

美国国家公园法律体系完善，美国国家公园管理有据可依。自1916年美国国家公园管理局成立以来，平均每四年出台一部法律法规，美国国家公园管理法正在不断完善（表4-3）[①]。

表4-3 美国国家公园相关立法[②]

颁布年份	名称
1872	《黄石国家公园法案》（*Yellowstone National Park Act*）
1916	《国家公园管理局组织法》（*National Park Service Organic Act*）
1933	《组织法修正案》（*Reorganization Act*）
1963	《户外娱乐法案》（*Outdoor Recreation Act*）
1964	《荒野法》（*Wilderness Act*）
1965	《土地和水资源保护法案》（*Land and Water Conservation Fund Act*）
1966	《国家历史保护法案》（*National Historic Preservation Act*）
1968	《自然风景河流法案》（*Wild and Scenic Rivers Act*）
1969	《公园志愿者法案》（*Volunteers in the Parks Act*）
1969	《国家环境政策法案》（*National Environment Policy Act*）
1970	《一般授权法案》（*General Authorities Act*）
1973	《濒危物种法案》（*Endangered Species Act*）
1973	《国家公园和乡村通道》（*The National Parks and Access to the Countryside*）
1978	《国家公园及娱乐法案》（*National Parks and Recreation Act*）
1978	《红木法修正案》（*Redwood National Park Expansion Act, as amended*）

---

① 张朝枝，保继刚．美国与日本世界遗产地管理案例比较与启示．世界地理研究，2005，14（4）：105-112.

② 李如生．美国国家公园的法律基础．中国园林，2002，(5)：6-12.

续表

颁布年份	名称
1979	《建立海峡群岛国家公园及其他用途的法案》 (*An Act to Establish the Channel Islands National Park, and for other purposes*)
1980	《阿拉斯加国家土地保护法案》 (*Alaska National Interest Lands Conservation Act*)
1980	《国家公园系统游客设施基金法案》 (*National Park System Visitor Facilities Fund Act*)
1983	《1983 年公共土地和国家公园法案》 (*Public Lands and National Parks Act of 1983*)
1987	《在密西西比州纳齐兹建立国家公园的法案》 (*A Bill to Create a National Park at Natchez, Mississippi*)
1998	《国家公园系列管理法案》 (*National Park Ominbus Management Act*)
2003	《雷尼尔山国家公园边界调整法案》 (*Mount Rainier National Park Boundary*)
2011	《红杉和国王峡谷国家公园荒野准入法案》 (*Sequoia and King Canyon National Parks*)
2012	《尖顶国家公园法案》 (*Pinnacles National Park Act*)
2013	《北瀑布国家公园管理局综合鱼类放养法》 (*North Cascades National Park Service Complex Fish Stocking Act*)
2017	《史密森国家动物园中央停车设施授权法案》 (*Smithsonian National Zoological Park Central Parking Facility Authorization Act*)
2022	《2022 年国家公园基金会再授权法案》 (*National Park Foundation Reauthorization Act of 2022*)

美国法律包括以下五个层次：宪法、习惯法、成文法、部门法规和行政命令[①]。美国国家公园法律体系较完善，国会制定了多达数十种立法准则，各国家公园还有专门法。具体而言，美国国家公园法律体系层次如下[②③]。

1）基本法

美国国会于 1916 年颁布的《国家公园管理局组织法》（*National Park Service Organic Act*）属于基本法。它规定了美国国家公园管理局的基本职责：负责完善并管理国家公园、自然保护区与纪念馆。设立国家公园、自然保护区与纪念馆的目的在于保护其中的风景、自然景物和历史遗迹以及野生动植物。国家公园、自然保护区与纪念馆的使用应以不损害后代享有为前提。随后，美国通过修改和完

---

① 杨锐. 美国国家公园的立法和执法. 中国园林, 2003, (5): 64-67.
② 国家林业局森林公园管理办公室, 中南林业科技大学旅游学院. 国家公园体制比较研究. 北京: 中国林业出版社, 2015.
③ 蔚东英, 王延博, 李振鹏, 等. 国家公园法律体系的国别比较研究: 以美国、加拿大、德国、澳大利亚、新西兰、南非、法国、俄罗斯、韩国、日本 10 个国家为例. 环境与可持续发展, 2017, (2): 13-16.

善，使得《国家公园管理局组织法》与时俱进，服务于美国生态保护。

2）授权法

美国国家公园法律体系中最多的是授权法，包括黄石国家公园在内的每一个国家公园都有授权法文件，它是美国国家公园法成熟的象征①。

3）单行法

1984 年美国国会颁布的《原野法》作为单行法的代表，适用于全国范围国家公园的保护和管理，规定了美国境内土地的权属，指定美国国家公园管理局、林业局、土地管理局中的任意部门均可作为原野区域的管理机构②，制定了原野区域的评定标准③。

综上所述，经过多年的发展，美国国家公园管理已经构建了垂直领导的管理体系，形成了科学、统一、系统的法律制度④，坚持了保护生态环境、合理利用资源的初衷。

4.2.1.2 加拿大

继美国黄石国家公园之后，加拿大班夫国家公园是全球设立的第二个国家公园。加拿大的国家公园法律体系较为完善。为了规范国家公园建设与保护，加拿大颁布国家公园法——《落基山公园法案》的历史可追溯到 1887 年。根据《自治领森林保护区和公园法案》，1911 年加拿大组建了全球第一个国家公园专职管理机构——自治领公园署⑤。1930 年，加拿大正式颁布的《国家公园法案》明确了国家公园建立的目的、确立的程序、概念、地位、管理等。该法案的配套法律法规多达 30 个⑥，主要包括《国家公园一般条例》《加拿大国家公园管理局法》《国家公园野生动物法规》《国家公园公路交通条例》《濒危物种保护法》《国家公园建筑物法规》等⑦。这些配套法律法规保障了加拿大国家公园管理有法可依。

---

① HOCKINGS M, COOK C N, CARTER R W, et al. Accountability reporting or management improvement? Development of a state of the parks assessment system in New South Wales, Australia. Environmental Management, 2009, 43 (6): 1013-1025.

② NPS. National Park System Timeline (Annotated). https://www.nps.gov/parkhistory/hisnps/NPSHistory/timeline_annotated.htm.

③ SHAFER C L. From non-static vignettes to unprecedented change: the US National Park System climate impacts and animal dispersaiy. Environmental Science and Policy, 2014, 40: 26-35.

④ 刘鸿雁. 加拿大国家公园的建设与管理及其对中国的启示. 生态学杂志, 2001, (6): 50-55.

⑤ 江苏智库网. 国家公园体制的支柱和基石. (2017-10-31). http://www.jsthinktank.com/jujiaoqianyan/201710/t20171031_4790663.shtml.

⑥ 中华人民共和国商务部. 加拿大对国家公园的管理. (2018-04-19). http://ca.mofcom.gov.cn/article/ztdy/201804/2018042734514.shtml.

⑦ Government of Canada. Justice Laws Website. (2018-09-20). http://laws-lois.justice.gc.ca/eng/.

4.2.2 管理体系

4.2.2.1 美国

美国国家公园管理局统筹管理国家公园事务。美国国家公园管理局由一位局长、两位副局长和八位主任组成（图4-1）。局长统筹管理运营类、国会及对外关系类事务，八位主任分别管理"公园规划、设施和土地""自然资源保护和科学""商务服务""人力资源及其相关事务""解说、教育和志愿者""伙伴关系和公民参与"等具体事务。此外，美国国家公园的地区管理机构是跨州的七个地区局，基层国家公园实行园长负责制[①]。

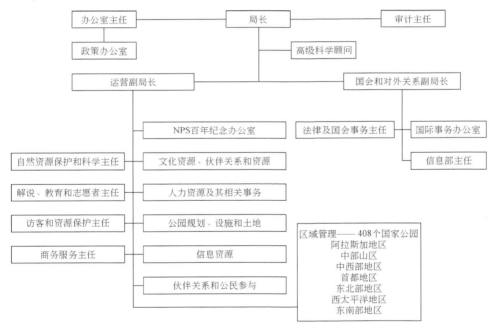

图4-1 美国国家公园管理局组织结构

4.2.2.2 加拿大

加拿大国家公园包括国家级国家公园和省立国家公园两类。国家级国家公园

---

① 国家林业局森林公园管理办公室，中南林业科技大学旅游学院. 国家公园体制比较研究. 北京：中国林业出版社，2015.

管理局的组织结构，由一名首席执行官和九名副总裁组成①（图4-2）。副总裁主要分管三个领域，分别是运营、项目和内部支持服务。运营部分分为东部运营和西部与北部运营；相关项目包括保护区建立和保护、遗产保护和纪念、外部关系和游客。内部支持服务包括行政、财务、投资和人力资源。

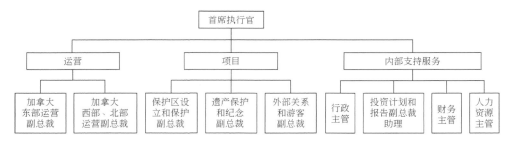

图4-2　加拿大国家公园管理局总部组织

4.2.3　资产权益管理

4.2.3.1　美国

美国的国家公园的资源处置权非常专一，国家公园内的土地资源只有经国家公园管理局批准方可进行使用。1916年《国家公园管理局组织法》、1970年国家公园管理局《一般授权法案》及1978年的《红木法修正案》规定："国家公园管理局改善和规范国家公园、国家纪念地、国家保护区的联邦土地的利用方法和手段，通过这些方法和手段确定国家公园、国家纪念地、国家保护区的基本目的，这个目的就是保护风景、自然和历史遗存、野生动植物，让人们以保护的态度和方法欣赏它们，并让它们得到子孙后代的永续利用"。

1978年《红木法修正案》强调，"内政部部长有绝对的权利，即不折不扣地按照1916年《国家公园管理局组织法》的规定，不管采取什么样的行动，不管采取什么样的方法，都要保证国家公园系统的安全"。

国家公园管理部门不参与国家公园内的经营项目，专注于资源管理。1965年，美国国会通过《国家公园管理局特许事业决议法案》，要求在国家公园体系内全面实行特许经营制度，即国家公园的餐饮、住宿等旅游服务设施向社会公开招标，经济上与国家公园无关。国家公园管理机构是纯联邦政府的非营利机构，

---

　　①　蔚东英. 国家公园管理体制的国别比较研究：以美国、加拿大、德国、英国、新西兰、南非、法国、俄罗斯、韩国、日本10个国家为例. 南京林业大学学报（人文社会科学版），2017，(3)：89-98.

专注于自然文化遗产的保护与管理，日常开支由联邦政府拨款解决①。

4.2.3.2　加拿大

加拿大对国家公园的生态系统完整性非常重视，法律禁止国家公园内的各种形式的资源开采，诸如采矿、林业、石油天然气和水电开发、以娱乐为目的的狩猎等。在现行法律中，也明确把旅游活动放到一个利益博弈的科学位置上，要求游憩等自然资源利用行为必须在维护生态系统完整性的基础上进行②。同时，为了保持生态系统完整性，对火灾和病虫害的防治也需要进行严格的科学评估才能进行干预，常见的生态干预状况有：对国家公园的土地承载力产生严重的影响、对公众健康和安全产生危害、濒危生物受到病虫害的威胁、自然景观资源风貌的缺失和改变、植物群落的逆向演替过程等。但对于新建的国家公园，当地居民传统的资源利用方式可以继续保留。在某些情况下，印第安人打猎、捕鱼和诱捕动物等活动可以得到允许。

4.2.4　经营运行管理

根据不同背景和保护目标，国家公园大都实行分区管理。考虑到保护与公众享用和教育的需求，国家公园的功能区一般分为利用区、限制性利用区、重要保护区和严格保护区四类。从利用区到严格保护区，保护程度逐渐提高，而公众可进入性及利用程度逐渐减弱（表4-4）③。其中，严格保护区和重要保护区是国家公园的主体。

表4-4　加拿大和美国国家公园各功能区管理要求对比

国家	主要功能区			
	利用区	限制性利用区	重要保护区	严格保护区
加拿大	户外娱乐区和公园服务区。其中，户外娱乐区用于户外游憩集中体验，允许使用小型住宿设施、露营设备等。公园服务区允许机动车进入，配有园区管理机构和游客服务中心等	自然环境区，非机动车可以进入，严格控制，仅少量机动车可以进入，仅允许低密度的游憩活动	荒野区，非机动车可以进入，允许少量对资源保护有利的体验性活动	特别保护区，不允许公众进入，仅允许少量经严格审查的非机动车进入

① 李如生. 美国国家公园的法律基础. 中国园林，2002，(5)：6-12.
② 蔚东英，王延博，李振鹏，等. 国家公园法律体系的国别比较研究：以美国、加拿大、德国、澳大利亚、新西兰、南非、法国、俄罗斯、韩国、日本10个国家为例. 环境与可持续发展，2017，(2)：13-16.
③ 黄丽玲，朱强，陈田. 国外自然保护地分区模式比较及启示. 旅游学刊，2007，22(3)：18-25.

国家	主要功能区			
	利用区	限制性利用区	重要保护区	严格保护区
美国	公园发展区和特别使用区。其中，公园发展区设有休闲设施、公共交通、游客中心和餐饮设施等。特别使用区包括采矿区、伐木区等	特殊自然保护区，也称文化遗址区，允许少量公众进入，配备了步行道、自行车道和露营地，无接待设施	原始自然保护区，不允许开发，人和车均不允许进入	

4.2.4.1 美国

1）特许经营制度的形成背景和法律依据

美国国家公园管理局拥有产权代理人身份，但不具备经营权和产权处置权。公园管理费来自联邦政府部门预算。作为补充，部分特许经营收入可用于为游客提供公益性服务。"二战"后，随着经济快速发展，在"66 计划"刺激下，大量游客和商业服务设施进入美国国家公园之中[①]。为了应对商业服务给国家公园保护带来的潜在威胁，1965 年，美国通过了《国家公园管理局特许事业决议法案》，要求国家公园实行特许经营制度。1998 年，美国通过了《改善国家公园管理局特许经营管理法》（*National Park Service Concessions Management Improvement Act of 1998*）和《国家公园综合管理法》，规定了特许经营权转让的原则、程序[②]，并要求80%特许经营收入用于改善游客服务和紧急项目，20%用在全国国家公园内调剂。为了规避事业单位从国家公园建设中牟利，1965 年美国通过《国家公园管理局特许事业决议法案》，遵循管理和经营分离原则，要求国家公园全面实行特许经营制度，规定国家公园管理部门、工作人员及家属不得从事相关的商业性经营活动。此后，美国国家公园严格推行特许经营制度，这不仅有利于国家公园向游客提供高质量的服务，而且也有利于实现公园管理与服务经营工作的分离[③]。

2）特许经营制度的参与主体

根据《改善国家公园管理局特许经营管理法》，特许经营所涉主体如下：

---

① National Park Service. http://www. NPS. gov/.
② 杨锐. 美国国家公园体系的发展历程及其经验教训. 中国园林, 2001,（1）: 62-64.
③ 蒋满元. 国外公共旅游资源的经营模式剖析及其经营经验探讨: 以美国、德国、日本国家公园的经营管理模式为例. 无锡商业职业技术学院学报, 2008, 8 (4): 51-54.

①美国国家公园管理局（National Park Service），负责制定相关制度和条例，并对地方国家公园管理局实行监管①。②地方国家公园管理局（Local Authority），以合同为依据，通过考核和评估特许经营者的年度计划，执行具体的特许经营管理工作。③特许经营者（Concessioner），作为经营主体，通过上报相应的计划，接受中央和地方国家公园管理机构的监管②。

3）特许经营制度的管理流程

依据《游客商服设施业态规划》，地方国家公园管理局通过合同管理对辖区的特许经营业态进行宏观管理与调控。特许经营者每年制定操作计划（operation plan），包含产品质量、定价、景观资源、食品安全、解说等等。地方国家公园管理局每年对操作计划进行评估、监管和考核。依据其表现，确定在合同执行期是否需中止合同，在合同到期后，是否与其续约②。

4.2.4.2 加拿大

加拿大国家公园的经营模式严格遵循收支两条线③。收入主要来自租金和特许经营费、休闲设施使用费、职工房租费、门票和其他运营收入。支出主要包括职工工资和福利等基本支出、专业和特殊服务、分期摊销、交通费、合作交流费、税收支出、环境卫生支出和其他支出。由于加拿大国家公园主要以国民福利形式提供旅游服务，因而国家公园一般不收门票或仅收取小额门票。部分国家公园会按车型收取少量门票。此外对中小学生、老年人、残疾人还实行特别优惠。因此，加拿大国家公园的收支缺口很大，主要靠联邦政府的资助运行。

4.2.5 利益分配

在加拿大，政府将管理权下放给了国家公园管理局，国家公园管理局的首席执行官直接向部长汇报。财务方面，国家公园可以保留上一年的财政余额，留作后用，也可以根据发展需求进行长期投资，提高资金的使用效率。

根据旅游创收能力、特点等因素，加拿大国家公园被分为四个级别，用以指导加拿大公园管理局在不同国家公园间进行政府拨款分配。这保证了位置偏远地区的国家公园可以得到足够的国家拨款，维持其正常运营，保护其生态完整性。此外，使用者付费和成本补偿制度（表4-5）避免了加拿大国家公园为追求利润

---

① 朱璇. 美国国家公园运动和国家公园系统的发展历程. 风景园林, 2006, 13（6）: 22-25.

② 安超. 美国国家公园的特许经营制度及其对中国风景名胜区转让经营的借鉴意义. 中国园林, 2015, 31（2）: 28-31.

③ 张颖. 加拿大国家公园管理模式及对中国的启示. 世界农业, 2018,（4）: 139-144.

牺牲生态完整性和公众公平享受国家公园的权利。

表 4-5 加拿大公园管理局收支项目表

收入			支出		
序号	项目	定价原则	序号	项目	资金来源
1	门票	个人利益和保证公众能有享受公园的机会	1	新国家公园和历史遗产保护地的建立	国家拨款；出售多余资产的收入
2	宿营地	基于市场，完全成本弥补	2	资源保护	国家拨款；捐赠
3	小木屋	基于市场，部分成本弥补	3	资源展示和介绍	国家拨款；使用者付费
4	承包者缴费	超额成本补偿	4	旅游服务	使用者付费
5	游客服务	增量成本补偿；部分成本弥补，并且价格可以浮动	5	市政	使用者付费；捐赠
			6	高速公路	国家拨款
			7	公园局及人员管理	国家拨款

4.2.6 资金管理

由表 4-6 可以发现，美国国家公园经费主要依靠国会拨款。基金会、捐赠、特许经营等融资方式也是美国国家公园的资金来源。在美国，几乎每个国家公园都接受过非政府组织提供的帮助。其中，较为著名的是国家公园基金会，每年能筹集数千万美元的捐款，为美国国家公园运营提供了大量经费。而我国香格里拉普达措国家公园目前则主要依赖于旅游经营收入，中央及地方政府财政拨款支持力度有限，在建立和发展社会捐赠机制方面尚未予以足够重视[①]。

表 4-6 中美国家公园资金来源比较

国家	主要资金来源	其他资金来源
美国	国会拨款	特许经营权收入、公益捐款
中国	经营管理企业自筹和旅游经营收入	中央及地方政府财政拨款

---

① 林孝锴，张伟. 中外国家公园建设管理体制比较. 工程经济，2016，26（9）：68-71.

4.2.6.1　美国

国会财政拨款、国家公园收入、公益捐赠是美国国家公园的三大资金来源。美国多项立法保证了国会拨款在国家公园总运营经费中占主导地位（超过90%）。其中，2/3 国会拨款用作工资开支，其余的费用用于建设和维持管理①。这为国家公园运行提供了稳定的资金来源，保持了国家公园非营利性公益机构的角色，践行了"保护第一"的管理原则。

国家公园收入还包括门票收入和商业活动费用收入。美国约 2/3 的国家公园不收门票，因此美国国家公园的门票收入很少。商业活动费用收入包括国家公园管理局指对特许经营、摄影、声音录制等商业性活动收取的费用。

社会捐赠主要包括来自非政府组织、公司、私人等的捐赠。其中，非政府组织数量非常多，他们多以提倡捐赠、出售图书等方式筹措资金。比较著名的非政府组织有国家公园基金会、塞拉俱乐部等②③。

4.2.6.2　加拿大

作为非营利性事业，加拿大国家公园主要受财政拨款支持。加拿大政府不但支持国家公园建设与维护，还扶持国家公园相关教育与科研，推动着国家公园内的自然资源可持续利用④。此外，加拿大政府还特设了林业科研基金，联邦政府和省政府分别供资 30% 和 25%，也对推进国家公园建设产生了积极影响⑤。

4.2.7　服务管理

4.2.7.1　美国

国家公园有为公众和游客提供游憩机会的社会服务功能。国家公园服务管理指的是对国家公园的社会服务功能进行管理，主要包括讲解和教育服务管理、商业服务管理、设施服务管理。

---

① 丰婷. 国家公园管理模式比较研究：以美国、日本、德国为例. 上海：华东师范大学, 2011.

② MERCHANT C. The Columbia Guide to America Environmental History. New York：Columbia University Press, 2000.

③ 虞慧怡, 沈兴兴. 我国自然保护区与美国国家公园管理机制的比较研究. 农业部管理干部学院学报, 2016, (25)：84-90.

④ 陈绍志, 赵劼. 世界各国国家公园对我国国家公园体系建设启示·加拿大篇. (2014-01-20). http://www.eco.gov.cn/art.do? catid=251&aid=119630.

⑤ 张颖. 加拿大国家公园管理模式及对中国的启示. 世界农业, 2018, (4)：139-144.

（1）讲解和教育服务管理。国家公园管理局制定讲解规划，主要介绍公园资源、公园立法、公园重大事件和公园管理目标等，以方便公众和游客理解建立国家公园的意义，了解和欣赏国家公园。同时，增强公众对资源保护的意识。

（2）商业服务管理。通过规范特许经营为公众和游客提供商业性服务。服务内容包括餐饮服务、住宿服务、户外用品供应、娱乐设备出租出售等[1]。国家公园管理局监督管理特许经营业务运营，保障国家公园能够兼顾科学保护与合理利用。

（3）设施服务管理。国家公园管理机构向游客和公众提供了一些必要的基础设施，包括公共卫生间、信息与解说设施、交通系统等。根据法律法规，这些融入国家公园的基础设施既美观实用，又节省能源耗费，与国家公园自然资源科学保护与合理利用的初衷具有一致性。

4.2.7.2 加拿大

根据旅游开发政策，面向不同年龄、不同职业、不同体质、不同兴趣旅游者的需要，加拿大每个国家公园都设立了不同的游览路线。为了使每个国家公园各具特色，国家公园管理局会对游览人数、旅客感受、环境容量、设施服务水平等进行定期调研与评价。

4.2.8 公众参与

4.2.8.1 美国

根据《国家公园管理局特许事业决议法案》（1965 年），美国国家公园内的经营项目通过公开招标施行特许经营[2]。1969 年美国通过的《公园志愿者法案》鼓励公众参与国家公园建设与保护，为美国国家公园管理与保护奠定了群众基础。美国众多的环境保护组织也在国家公园保护中发挥了极其重要的作用。此外，科研院校也通过参与国家公园立法与决策制定，与美国国家公园建立了密切的合作关系。

在美国，公众参与体现在国家公园管理与保护的各个方面。根据《公民共建与公众参与》（*Civic Engagement and Public Involvement*）、《国家环境政策法案》

---

① 林洪岱. 国家公园制度在我国的战略可行性. (2009-02-11). https://max. book118. com/html/2019/0516/7022146151002025. shtm.

② 王彦凯. 国家公园公众参与制度研究. 武汉：华中科技大学, 2019.

（*National Environmental Policy Act*），公众可参与国家公园的确立、范围界定、规划决策、环评草案、环评决案、管理运营等多个环节[①]。同时，公众还可以参与国家公园科研工作。例如，黄石国家公园近 1/4 的科研项目是由基金会等社会组织参与完成的[②]。

4.2.8.2 加拿大

由于一些加拿大国家公园原本就是当地居民的家园，因此加拿大国家公园通过为其提供国家公园生态管护工作机会、鼓励其参与政策和管理规划等，确保当地居民在公园管理中发挥积极作用[③]。当前，在加拿大国家公园管理计划拟定中，公众意见仍然是重要的参考资料（图4-3），这保障了公众能够全面参与国

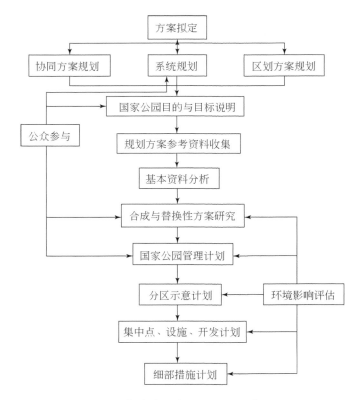

图4-3 加拿大国家公园规划设计流程

① 张振威，杨锐．美国国家公园管理规划的公众参与制度．中国园林，2015，31（2）：23-27.

② LYNCH H J，HODGE S，ALBERT C，et al．The Greater Yellowstone Ecosystem：challenges for regional ecosystem management．Environmental Management，2008，41：820-833.

③ 张颖．加拿大国家公园管理模式及对中国的启示．世界农业，2018，（4）：139-144.

家公园规划管理。

4.3　监督评估机制

在1982年《巴厘宣言》的倡导下，一些国际组织和各国组织机构将公众参与程度、土地所有权、信息充分程度等作为评价因子，构建了大量的国家公园或保护区管理有效性的评价方法与模型（表4-7）[①]。

表4-7　世界主要的保护地管理绩效评价方法

英文名	中文名	应用机构
rapid assessment and prioritization of protected areas management，RAPPAM	自然保护区管理快速评价与优先确定	世界自然基金会
management effectiveness tracking tool，METT	管理有效性跟踪工具	世界自然基金会/世界银行
conservation action planning，CAP	保护行动计划	美国大自然保护联盟
uninterrupted system service plan，USSP	美国公园状态评估	美国国家公园保护协会

4.3.1　美国

1）评价

国家公园管理局的职责是保证所有成员在资源"不损害下一代人享受"的前提下，为公众提供享受机会。自1872年开始，美国已拥有约400个国家公园。其中，仅特别重要的一小部分由国家公园管理局直接管理。大部分国家公园由地方政府、其他联邦机构或私人业主进行管理。1974年，美国国会通过了《资源规划条例》（简称RPA），将户外游憩资源作为七大资源之一，进一步加强了对游憩资源的保护和开发。美国国家公园管理局每年约支出2亿美元，用作基础设施建设和合同内购物。各单位将所获资金主要用于区域开发，其余用于自动化信息处理相关软硬件配置、设施维护与检修、大型设备购置等[②]。

2）监督机制

美国国家公园管理做到了依法监督和公众参与。美国国家公园等各类保护地建立在完善的法律体系之上，管理部门的运行有法可依。同时，国家公园等保护

---

①　朱明，史春云. 国家公园管理研究综述及展望. 北京第二外国语学院学报，2015，（9）：24-33.

②　National Park Service. http://www.nps.gov/legacy/business.html.

地管理部门的重大决策通过公众征询意见，以保障公众的充分参与①。

3）问责机制

美国国家公园管理局的组织框架法明确规定了各级管理局的责任。内政部直接任免国家公园管理局局长。法律和公众的监管与问责使美国政府的权力处于负责任状态。

4.3.2　加拿大

为了更好地保护国家公园，1963 年加拿大组建了加拿大国家和省立公园协会（The National and Provincial Parks Association of Canada），现已更名为加拿大公园和荒野学会（Canadian Parks and Wilderness Society）。该组织成功阻止了 1972年在班夫召开冬季奥运会，这一事件标志着加拿大国家公园的价值取向从游憩利用向生态保护的转变②。

4.4　案例分析——黄石国家公园

黄石国家公园成立于 1872 年 3 月 1 日，位于美国的怀俄明州、蒙大拿州和爱达荷州③，是美国第一个国家公园，也被公认为是世界上第一个国家公园④。它以丰富的野生动物和地热特征而闻名，包括公园内最具代表性的间歇泉。此外，公园内丰富的亚高山森林也是落基山脉中南部森林生态系统的重要部分（图 4-4）。

---

① 虞慧怡，沈兴兴．我国自然保护区与美国国家公园管理机制的比较研究．农业部管理干部学院学报，2016，7（25）：84-90.

② 刘鸿雁．加拿大国家公园的建设与管理及其对中国的启示．生态学杂志，2001，20（6）：50-55.

③ Library of Congress. Yellowstone, the First National Park. https://www. loc. gov/collections/national-parks-maps/articles-and-essays/yellowstone-the-first-national-park/.

④ National Park Service. The World's First National Park. https://www. nps. gov/yell/index. htm.

图 4-4　黄石国家公园主要景点图①

黄石国家公园管理局负责管理国家公园内及周边社区服务项目的管理，拥有总计 800 名工作人员，整个机构年预算约为 3300 万美元。国家公园管理局旨在保护国家公园系统的自然和文化资源，确保其为公众和后代提供享受、教育的价值。同时与其合作伙伴通力合作，将自然和文化资源保护以及户外娱乐扩展到全国乃至世界各地。它总共包含七个部门，分别为：事务总监办公室（Office of the Superintendent）、战略沟通部（Strategic Communications）、行政和"伙伴青年"计划执行部（Administration & Partnership Youth Programs）、商业服务部（Business & Commercial Services）、维护部（Maintenance）、资源保护和游客安全保障部（Resource & Visitor Protection）、黄石资源中心（Yellowstone Center for Resources）②。各部门的作用如下：

（1）事务总监办公室。事务总监办公室位于猛犸温泉区，负责统筹整个国家公园的管理和运行，监督其他部门的运营情况等。

（2）战略沟通部。战略沟通部门通过促进国家公园管理局内工作人员的协调、国家公园管理局与其合作伙伴的沟通，保障各方意见一致、思路清晰，促进国家公园优先事项及其他问题的解决。它的主要职能包括四个方面：战略/规划制定沟通、媒体沟通、数字化沟通和内部沟通。

（3）行政和"伙伴青年"计划执行部。该行政部门为国家公园管理局内的工作人员提供技术服务和硬件支持（包括 2500 多部电话、无线电、计算机和安全系统），发放供应品以保证机构的正常运营，并管理工作人员的个人资产。他们还负责公园向内外运输物资，接收电子邮件（每年高达 85 000 封）等。"伙伴青年"计划工作人员每年以 40 000 多名学生和教师为受众开展教育项目，并负责项目实施过程中住宿等事项的筹备工作。

---

① Wallpapecave. Yellowstone National Park HD Wallpapers. https://wallpapercave.com/yellowstone-national-park-hd-wallpapers.

② National Park Service. Management. https://www.nps.gov/yell/learn/management/index.htm.

（4）商业服务部。商业服务部负责管理国家公园内通过特许经营向公众提供食物、住宿和医疗服务的企业，以及这些企业提供的各种服务和娱乐活动，如导游服务、划船和骑马活动等。

（5）维护部。维护部负责监督营地、建筑物、活动场地、道路和公用设施等的维护工作。他们利用先进的回收利用、污染预防和削减废物等技术，克服了黄石国家公园偏远的地理位置给工作造成的困难。

（6）资源保护和游客安全保障部。资源保护和游客安全保障部的工作人员负责国家公园内的紧急医疗服务、人员搜救、火灾预防以及犯罪执法等相关工作，为国家公园的游客及国家公园内的各种资源提供安全保障。

（7）黄石资源中心。黄石资源中心的工作人员负责公园的考古、地质、历史结构、植被和野生动物等的研究工作，并负责管理保存在图书馆和博物馆的藏品。

美国的国家公园采取典型的公共财政主导型资金模式。国家公园建立初期，基础设施不完善，交通方式以火车或马车为主。由于门票较高，公众希望在公园内逗留尽量长的时间。为了满足这种需求，当地居民向公园支付建造酒店的特许费。这便是特许经营的雏形[①]。1973 年美国经济危机后，为了拓宽资金来源维持国家公园的正常运营，特许经营得到了发展壮大。2010 年，特许经营资金收入在国家公园总经费中的占比达到了 20%，联邦政府的财政拨款占 70% 左右[②]。

为了向公众介绍国家公园，黄石国家公园开发了"历史教育"项目。此外，国家公园在各季节都会推出特色教育项目，如"资源教育和青年计划"（Resource Education & Youth Programs）等。国家公园向参加活动的 40 000 多名学生和教师提供住宿等服务，这些受教育的对象此后多会成为公众与国家公园之间的联络员，作为慈善捐赠人或合作伙伴与国家公园保持联系。

国家公园中聘有专门的护林员，这些护林员作为游客中心的工作人员，组织游客参与多人对话、散步、远足和篝火活动，为游客提供相互交流的机会。此外，他们撰写宣传文案、设计室内外展品、编辑出版物、设计视频和网页等，利用在社交网络上的宣传提升国家公园的对外形象。

黄石国家公园共向游客开放五个不同的路口，园内道路总长度达 310mi（500km）。公园内虽未设置公共的交通工具，但游客可使用有特许经营权的旅游公司提供的机动车，且机动车配有向导。在冬季，这些旅游公司还会提供雪地车

---

① Travel Weekly Group. Ecuador to Limit Number of Visitors to Galapagos Islands.（2011-11-04）. http://www. travelweekly. co. uk/articles/38786/ecuador-to-limit.

② 朱华晟，陈婉婧，任灵芝. 美国国家公园的管理体制. 城市问题，2013，（5）：90-95.

等。国家公园管理局根据国家公园的实际情况对公园内准入车辆的数量进行限制。

4.5 经验与启示

美国和加拿大依法对国家公园进行管理，其管理特点对我国的启示如下：

（1）秉承保护自然资源永续利用并为人们提供游憩机会的管理理念。美国和加拿大的国家公园及其管理机构的使命表述虽然不尽相同，但其核心理念是保护自然资源的永续利用，并为人们提供游憩的机会。这在本质上体现了国家公园的公益属性。

（2）土地权属特性决定了美国和加拿大差异化的国家公园管理模式。世界国家公园的管理大致可分为中央或联邦政府集权、地方自治和综合管理三种模式[1]，各国土地权属特性决定了采取何种管理模式。美国因中央或联邦政府直接拥有土地管理权，对国家公园采取的是中央或联邦政府垂直管理模式。而加拿大由于中央和地方政府土地权属不同，采取的是综合管理模式。

（3）采用功能分区规划与管理，协调保护和利用之间的矛盾。美国和加拿大通过功能分区协调保护和利用之间的矛盾。功能分区规律主要体现在以下几方面：①对保护和利用功能进行分别管理。②采用同心圆模式对功能进行分区，从外到内保护程度逐渐提高，而利用程度逐渐减弱，一般依次分为利用区、限制性利用区、重要保护区和严格保护区四类。③在面向公众开放的国家公园服务区，一般集中配套相应的公共服务设施[2]。

（4）建立与本国管理制度和管理责任主体自洽的管理体系。由于受政府管理制度和管理责任主体对国家公园管理自由度的影响，美国和加拿大的管理体系分别属于自上而下型管理体系与综合型管理体系，其中，美国内政部下属的国家公园管理局（National Park Service）是美国国家公园唯一的管理责任主体，加拿大公园管理局（Parks Canada Agency）和加拿大地方政府分别是加拿大国家级国家公园和省立国家公园的管理责任主体[3]。

（5）建立管理权与经营权分离的经营机制。美国和加拿大国家公园的管理主体、管理模式各不相同，但在经营机制上高度相似，都遵循着管理权与经营权分离的思路。管理者是国家公园的管家或服务员，不能将管理的自然资源作为生

① 卢琦，赖政华，李向东. 世界国家公园的回顾与展望. 世界林业研究，1995，8（1）：34-40.
② 黄丽玲，朱强，陈田. 国外自然保护地分区模式比较及启示. 旅游学刊，2007，22（3）：18-25.
③ 蔚东英. 国家公园管理体制的国别比较研究：以美国、加拿大、德国、英国、新西兰、南非、法国、俄罗斯、韩国、日本10个国家为例. 南京林业大学学报（人文社会科学版），2017，17（3）：89-98.

产要素营利，不直接参与国家公园的经营活动，管理者自身的收益只能来自政府提供的薪酬。国家公园的门票等收入直接上缴国库，采取收支两条线，其他经营性资产采取特许经营或委托经营方式，允许私营机构通过竞标方式缴纳一定数目的特许经营费，获得在公园内开发经营餐饮、住宿、河流运营、纪念品商店等旅游配套服务的权利，地方政府、当地社区可优先参与国家公园的经营管理。国家公园管理机构可提供设立公园基金接受公益捐赠，并从中或从特许经营项目收入中提取一定比例的资金，以维持国家公园的运行并惠益社区。这种经营机制可以有效缓解国家公园产品的公共性与经营的私有性之间的矛盾，提高国有资源的经营效益。总的来说，在经营机制方面，部分国家的国家公园不存在营利性的经营活动，但只要存在经营活动，大多采取特许经营制度。

（6）资金来源以国家财政拨款为主。无论采用哪种国家公园管理模式，国家公园的资金来源都是以国家财政拨款为主，国家公园收入和社会捐款为辅的模式。美国和加拿大国家公园的财政拨款高达 70%。对于国家公园的门票、特许经营费等收入采取收支两条线，国家公园的收入直接上缴国库，再由国家拨给国家公园用于其运营和维护。国家公园管理机构通过设立国家公园基金，鼓励非政府组织、企业、个人等对国家公园进行社会捐赠。

第5章 大洋洲典型地区国家公园

澳大利亚与新西兰两国对环境保护非常重视，国家公园和自然保护区的建设已有100多年的历史。继1872年美国黄石国家公园成立之后，澳大利亚于1879年成立了世界上第二个国家公园——皇家国家公园，新西兰于1887年成立了世界上第四个国家公园——汤加里罗国家公园。

澳大利亚与新西兰国家公园的管理制度既相似又各具特色，主要体现在以下几方面：①管理理念。两国的核心理念均是保护自然资源的永续利用，并为公众提供游憩机会。②管理模式。澳大利亚国家公园管理可分为国家公园管理局独立管理以及国家公园管理局与当地联合管理两类，新西兰则实施双列统一管理体系。③经营机制。两国国家公园的管理模式、管理主体各有差异，但在经营机制方面都严格遵循管理权与经营权分离的原则。④资金保障机制。两国国家公园的资金来源都采用了以国家财政拨款为主，国家公园收入和社会捐款为辅的模式。

5.1 国家公园概况

5.1.1 澳大利亚

澳大利亚是世界上较早建立国家公园的国家之一。1879年，澳大利亚建立了世界上第二座国家公园——皇家国家公园（Royal National Park）。截至1916年，澳大利亚每个州都有了自己的国家公园。目前，澳大利亚共拥有679座国家公园，总占地面积超过300 000km²，几乎占整个国土面积的4%[1][2]。此外，还有13%的国土面积受到保护，其中包括州立公园、生态保育区、自然保护区等。

澳大利亚国家公园覆盖多种多样的地貌，涵盖了从高山地区到沙漠、森林与海洋。与澳大利亚动物园一样，澳大利亚国家公园的职责之一就是保护植物与野

---

[1] Department of the Environment and Energy. CAPAD 2018. http://www.environment.gov.au/system/files/pages/f329f2b1-6945-43df-9e96-f68ec893b116/files/capad2018-terrestrial-commonwealth.xlsx.

[2] Sydney-australia. National Parks in Australia. https://www.sydney-australia.biz/maps/australia/national-parks-map.php.

生动物，同时这些国家公园也是享受与了解澳大利亚环境、遗产与文化的地方。澳大利亚的六个州与两个领地分别拥有不同类型的公园，每个州/领地都有权力及机构来管理这些公园。

在管理方式上，澳大利亚的国家公园可分为两类：一是联合管理。国家公园管理局（Parks Australia）局长和传统所有者代表共同负责管理国家公园；二是直接管理。依据《环境保护和生物多样性保护法》（*Environment Protection and Biodiversity Conservation Act*），由国家公园管理局直接负责保护和管理①。澳大利亚国家公园管理局管理的七个国家公园如表 5-1 所示。

表 5-1　澳大利亚国家公园局管理的七个国家公园

建立年份	英文名	中文名	位置	面积/km²
1992	Booderee National Park	波特里国家公园	新南威尔士州南海岸	55.30
1980	Christmas Island National Park	圣诞岛国家公园	圣诞岛	87.77
1979	Kakadu National Park	卡卡杜国家公园	澳大利亚北领地	19 111.67
1986	Norfolk Island (Mt Pitt) National Park	诺福克岛（皮特山）国家公园	澳大利亚太平洋西南部	4.93
1996	Norfolk Island (Phillip Island) National Park	诺福克岛（菲利普岛）国家公园	澳大利亚太平洋西南部	1.92
1995	Pulu Keeling National Park	普普基灵国家公园	澳大利亚北领地	2.13
1958	Uluru-Kata Tjuta National Park	乌鲁鲁-卡塔丘塔国家公园	科科斯群岛	1 333.02

5.1.2　新西兰

新西兰是世界上最早成立自然保护区的国家之一，保护地管理体系较完善。国家公园是新西兰保护地体系中的一种类型。为了保护原生状态和自然之美，新西兰将自然与人文资源和生态环境保护提高到了至高无上的地位，实现了在自然保护管理下经济社会可持续发展②。

新西兰有 14 个各具特色的国家公园，总面积为 30 669km²，在新西兰国土面

① Parks Australia. About Us. https://parksaustralia.gov.au/about/.
② 杨桂华，牛红卫，蒙睿，等. 新西兰国家公园绿色管理经验及对云南的启迪. 林业资源管理，2007，(6)：96-104.

积中占比约 11.34%①。其中，有九座位于南岛，四座在北岛，还有一座在最南端的斯图尔特岛上②。汤加里罗国家公园（Tongariro National Park）是新西兰的第一个国家公园，建立于 1887 年，也是世界上第四个建立的国家公园。

新西兰国家公园的建立主要遵循以下原则③：①具有占主导地位的特殊动植物群落或地貌景观；②禁止过度开发自然资源；③必须有行政管理区和公共旅游区，同时存在荒野区、管理自然区和限制自然区等有效分区；④向社会开放，并与自然保护职能相结合。

新西兰自然资源保护部（Department of Conservation，简称"保护部"）负责管理和维护新西兰的国家公园。如表 5-2 所示，新西兰最初建立的几个国家公园都是展现自然风光的，从 20 世纪 80 年代开始，新西兰的国家公园开始强调自然环境与人文和历史的完美结合，体现更加多元化的风景。

表 5-2　新西兰国家公园概况一览表①

建立年份	英文名	中文名	位置	面积/km²
1887	Tongariro National Park	汤加里罗国家公园	新西兰北岛	796
1900	Egmont National Park	埃格蒙特国家公园	新西兰北岛	335
1929	Arthur's Pass National Park	亚瑟通道国家公园	新西兰南岛	1 144
1942	Abel Tasman National Park	阿贝尔·塔斯曼国家公园	新西兰南岛	225
1952	Fiordland National Park	峡湾国家公园	新西兰南岛	12 519
1953	Aoraki/Mount Cook National Park	奥拉基/库克山国家公园	新西兰南岛	707
1954	Te Urewera National Park	尤瑞瓦拉国家公园	新西兰北岛	2 127
1956	Nelson Lakes National Park	尼尔森湖国家公园	新西兰南岛	1 018
1960	Westland Tai Poutini National Park	西部泰普提尼国家公园	新西兰南岛	1 175
1964	Mount Aspiring National Park	阿斯帕林山国家公园	新西兰南岛	3 555
1986	Whanganui National Park	旺格努伊国家公园	新西兰北岛	742
1987	Paparoa National Park	帕帕罗瓦国家公园	新西兰南岛	306

① 王丹彤，唐芳林，孙鸿雁，等．新西兰国家公园体制研究及启示．林业建设，2018，(3)：10-15.
② Department of Conservation. National Parks. https://www. doc. govt. nz/parks- and- recreation/places- to-go/national-parks/.
③ 中国风景园林网．特许经营打造新西兰"绿色花园"．(2014-03-26)．http://www.chla. com. cn/htm/2014/0326/205036. html.

建立年份	英文名	中文名	位置	面积/km²
1996	Kahurangi National Park	卡胡朗伊国家公园	新西兰南岛	4 520
2002	Rakiura National Park	雷奇欧拉国家公园	斯图尔特岛	1 500

5.2 管理体制与运行机制

5.2.1 法律体系

5.2.1.1 澳大利亚

作为第一个为保护地立法的国家，1863 年澳大利亚通过了第一个保护地法律，并在此后出台了《国家公园和野生动植物保护法》《自然保护法》《澳大利亚遗产委员会法案》《环境保护和生物多样性保护法》等一系列法律，为国家公园保护提供法律和依据[①]。同时，根据自身特点，各州也颁布了国家公园相关法律法规。这些法规明确规定，各州政府对其范围内的保护区管理起主要作用[②]。此外，这些法规还详细地规定了地方国家公园的建立程序、管理机制以及违反法规的惩罚措施等[③]，为建立与保护国家公园提供了法律保障。

根据法律规定，澳大利亚组建了各级国家公园管理机构，建立了国家公园体系。澳大利亚国家公园法律体系明确规定了各级政府的职责，形成了一种长期的合作机制，有效避免了职能重叠[④]。澳大利亚《国家公园法》还承认了当地居民的土地所有权，明确了公园管理委员会中当地居民的人数和职位[⑤]。

---

① 陈勇. 权责明确和全民参与的澳洲 style. 中国绿色时报，2014-01-23（B02）.
② 蔚东英，王延博，李振鹏，等. 国家公园法律体系的国别比较研究：以美国、加拿大、德国、澳大利亚、新西兰、南非、法国、俄罗斯、韩国、日本 10 个国家为例. 环境与可持续发展，2017，42（2）：13-16.
③ WEARING S，HUYSKENS M. Moving on from joint management policy regimes in Australian National Parks. Current Issues in Tourism, 2001, 4（2）：182-209.
④ 新华网. 澳大利亚：国家公园国家养 法制管理细分责.（2016-11-10）. http://www. xinhuanet. com/world/2016-11/10/c_1119889489. htm.
⑤ 张天宇，乌恩. 澳大利亚国家公园管理及启示. 林业经济，2019，41（8）：20-29.

5.2.1.2 新西兰

作为世界上最早建立国家公园的国家之一，新西兰非常注重国家公园保护与管理法律法规的完善。1952 年，新西兰颁布了《国家公园法》（*National Parks Act*），随后出台了《自然保护区法》《野生动物法》《海洋保护区法》① 等一系列法律。1996 年 10 月 1 日，新西兰议会正式颁布了《保护法》，并将其作为国家统领性的保护大法，形成了较为完善的法律体系②。

5.2.2 管理体系

澳大利亚与新西兰国家环境保护行政主管部门负责国家公园及类似保护区的统一规划、指导和监督管理。

5.2.2.1 澳大利亚

澳大利亚国家公园管理有联邦政府管理和属地管理两种。澳大利亚有 500 多座国家公园，其中有 6 座资源独特的国家公园由联邦政府成立的国家公园管理局直接进行管理，其余国家公园由地方政府根据情况设置相关机构进行管理。

联邦政府直接管理的 6 座国家公园分别是圣诞岛国家公园、波特里国家公园、普普基灵国家公园、诺福克岛国家公园、乌鲁鲁-卡塔丘塔国家公园和卡卡杜国家公园。其中，前 4 座国家公园位于澳大利亚大陆外部，后两座均为双世界遗产地，位于北领地③。

依据澳大利亚《环境保护和生物多样性保护法》和《公共治理、绩效和责任法案》，环境与能源部长分管国家公园管理局，部长及其秘书授权国家公园管理局局长行使国家公园管理权。澳大利亚国家公园管理局统一制定相关法律，给予自然保护区优先权，对国家公园内的旅游接待作出限制，建议取消与国家公园发展不和谐的开发行为，并对因忽视环境保护而被问责的政府官员追究责任。作为独立企业法人，国家公园管理局局长由澳大利亚总督任命，任期五年，每年需

---

① 蔚东英，王延博，李振鹏，等. 国家公园法律体系的国别比较研究：以美国、加拿大、德国、澳大利亚、新西兰、南非、法国、俄罗斯、韩国、日本 10 个国家为例. 环境与可持续发展，2017，42（2）：13-16.

② 杨桂华，牛红卫，蒙睿，等. 新西兰国家公园绿色管理经验及对云南的启迪. 林业资源管理，2007，12（6）：96-104.

③ Director of National Parks. Director of National Parks Annual Report, 2016-2017. Australia：Director of National Parks，2017.

向环境和能源部提交年度法定职责履行报告①。如图 5-1 所示，澳大利亚国家公园管理局的行政团队由一位局长和三位局长助理组成，采取局长/局长助理—司局—处三级管理结构。其中，局长分管人员和劳力发展司等四个综合司局，三位局长助理分管海洋保护地司、联合管理司、园区岛屿与生物多样性科研司三个业务司局②。

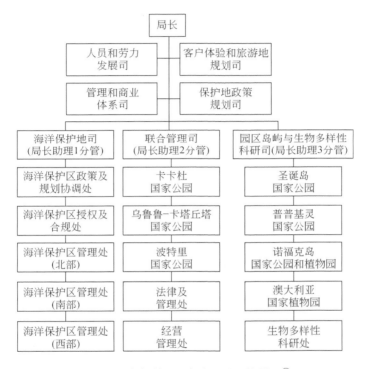

图 5-1　澳大利亚国家公园局机构设置①

　　澳大利亚大多数国家公园采取属地自治管理模式，主要目标是保护自然，维护生物多样性，防止资源紧张、环境破坏③。根据澳大利亚宪法的规定，各州政府对建立和管理本州范围内的国家公园以及其他自然保护区承担责任。澳大利亚各州均有立法权，都设有自然保护机构④，因地制宜实施多样化的规章制度、资金投入和管理措施。尽管澳大利亚联邦政府管理和属地管理对国家公园的管理宗

①　曾以禹，王丽，郭晔，等．澳大利亚国家公园管理现状及启示．世界林业研究，2019，32（4）：92-96.

②　Parks Australia. About Us.（2011-06-05）. https://parksaustralia.gov.au/about/.

③　文连阳，吕勇．国外国家公园的建设经验及启示．中国党政干部论坛，2017，(11)：109-112.

④　陈勇．权责明确和全民参与的澳洲 style．中国绿色时报，2014-01-23（B02）.

旨有所差异，但在管理实践与生物多样性保护发生冲突时，两者都遵循后者优先的原则。

作为联邦政府设立的自然保护主管机关，自然保护局对外代表国家签订国际协定，履行国际义务，对内负责处理当地居民事务，促进各州、地区之间的合作与沟通。同时，对于列入世界遗产地、国际重要湿地、人与生物圈保护区的一些重要地方，自然保护局根据有关协议及法规进行联邦政府与有关的州进行共同管理。

5.2.2.2 新西兰

1987 年，新西兰政府成立了唯一一个综合性的保护管理部门——保护部（Department of Conservation），主要负责原分属野生动物保护、林业和土地管理的三大部门管辖的保护职能。依据新西兰《保护法案》，作为主要中央政府机构，保护部代表新西兰人民管理 14 个国家公园，具有高度的管理权限。其宗旨是保护新西兰的自然和人文资源，确保不仅满足当代人的需要，而且能供子孙后代长期享用①。

如图 5-2 所示，新西兰国家公园管理采用了"双列统一管理体系"①。同时，

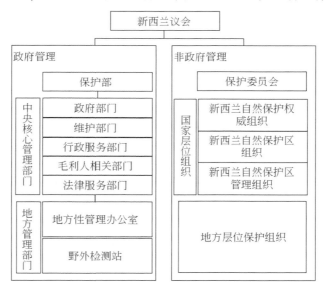

图 5-2　新西兰双列统一保护管理体系

---

① 杨桂华，牛红卫，蒙睿，等. 新西兰国家公园绿色管理经验及对云南的启迪. 林业资源管理，2007，（6）：96-104.

"统一"是指新西兰国家公园管理由新西兰议会统一负责；而"双列"是指实行政府管理与非政府管理两个序列。此外，政府管理为保护部及其直接管理的中央和地方管理部门，非政府管理是独立于政府之外的保护委员会，由地区和产业代表组成。

对于政府管理，新西兰由保护部代表政府直接管理 12 个中央核心保护管理部门和 14 个地方保护管理部门。其中，中央核心管理部门主要负责在国家范围内制定政策、编制计划和配置资源等，地方保护管理部门负责地方国家公园管理与保护，其分界主要根据生态和地理特征、地方政府管理等来确定。在大量的经费支撑下，新西兰保护部管理着 14 个国家公园、70 个保护公园、32 个海洋保护区和 85 个有害物种无控制岛屿。

对于非政府管理，保护委员会是新西兰典型的非政府保护组织。保护委员会大多独立于政府之外，代表公众的利益，一般由 13 个代表不同地区和产业的代表组成，主要负责立法监督。各省（或区）也有省级保护委员会，具有同样的保护和监督职能。

5.2.3 经营运行管理

国家公园多按照利用区、限制性利用区、重要保护区和严格保护区四类区域实行分区管理。从利用区到严格保护区，保护程度逐渐增强，而利用程度及公众可进入性逐渐减弱①。

5.2.3.1 澳大利亚

澳大利亚国家公园管理采用了所有权与经营权相分离的模式②。澳大利亚国家公园管理局负责监督管理国家公园，主要履行执法、制定管理计划、负责基础设施建设、监督管理经营活动等职责。同时，企业或个人经营承包商可参与国家公园经营，其职责是在不违背"合约"的前提下改进服务、加强管理、提高效益。这种所有权与经营权相分离的模式，让国家公园管理局和经营承包商两者相辅相成，有效地避免了管理体制混乱，既保护了生态环境，又兼顾了国家公园的全民公益性。

---

① 黄丽玲，朱强，陈田．国外自然保护地分区模式比较及启示．旅游学刊，2007，22（3）：18-25.
② 陈勇．权责明确和全民参与的澳洲 style．中国绿色时报，2014-01-23（B02）．

5.2.3.2　新西兰

新西兰国家公园实施特许经营制①。国家公园管理机构是新西兰政府的非营利机构，负责维护与管理新西兰的自然文化遗产。特许经营制有效避免了重经济效益、轻资源保护的问题。特许经营的收入主要用于国家公园基础设施建设。特许经营既推动了地方旅游业的发展，又实现了政府财政收入的增长。

5.2.4　资金管理

新西兰的国家公园经费以中央财政拨款为主，而在澳大利亚，地方财政也提供了重要支撑。此外，机构、个人或企业捐赠也是澳大利亚和新西兰国家公园经费的重要组成部分②。

5.2.4.1　澳大利亚

澳大利亚国家公园的主要任务是保护好公园内的动植物资源和环境资源，开展科研工作，实施联邦政府制定的各项保护发展计划，所需经费均由联邦政府和州政府专款提供。澳大利亚政府每年投入大量资金，用于国家公园内的设施建设，包括野营地、道路、游客中心和游客步道等等。国家公园开展生态旅游所得的资金并非用于工作人员的报酬，而是等同于国家拨款，由专门机构负责，国家公园不参与管理。此外，澳大利亚还建立了自然遗产保护信托基金制度，用于资助减轻植被损失和修复土地的活动③。

5.2.4.2　新西兰

新西兰的资金支持模式包括政府财政支出、国际项目和合作基金项目①。新西兰国家公园的主要资金来源是政府财政拨款。新西兰政府每年的国家公园预算高达1.59亿美元，专门用于国家公园生态管理和保护工作。新西兰也建立了一些公益基金来促进公众参与生态保护工作。此外，新西兰还通过与国外自然保护区广泛开展国际合作来筹集资金④。

---

① 郭宇航. 新西兰国家公园及其借鉴价值研究. 呼和浩特：内蒙古大学，2013.

② 林孝锴，张伟. 中外国家公园建设管理体制比较. 工程经济，2016，26（9）：68-71.

③ 陈勇. 权责明确和全民参与的澳洲 style. 中国绿色时报，2014-01-23（B02）.

④ 王丹彤，唐芳林，孙鸿雁，等. 新西兰国家公园体制研究及启示. 林业建设，2018，（3）：10-15.

5.2.5 公众参与

5.2.5.1 澳大利亚

在澳大利亚国家公园联合管理中，对当地居民主要采取以下政策：①鼓励当地居民参与决策制定与执行；②充分尊重当地居民文化；③充分应用当地居民的地方性知识；④为当地居民提供培训与工作机会①。此外，澳大利亚国家公园管理机构还比较重视社会参与，各项国家公园管理计划在颁布实施之前都会进行公示，经过公众广泛评论与征求建议后再确定②。

5.2.5.2 新西兰

在新西兰国家公园建设与管理中，社区居民的参与度较高。由于该国大部分土地归公民私有，有的国家公园规划在私人土地上，政府需要通过购买或联合保护方式与私人达成协议。社区居民可参与国家公园规划、建设、保护和委托经营等各个环节，这与民主意识、环境保护意识等密切相关，是新西兰公众直接参与国家公园管理的主要模式③。在具体的管理决策上，社区居民的意愿有时起决定作用。充分尊重社区居民对自身利益、人文资源和生态环境的关注，不仅提高了公众对国家公园管理部门的支持与认同，而且为国家公园保护与管理奠定了群众基础。此外，社区居民对国家公园管理层和游客的全程监督实现了公众对国家公园的间接管理。

5.3 案例分析——卡卡杜国家公园

卡卡杜国家公园位于澳大利亚北部达尔文市东南171km处，占地面积为19 804km²（7646mi²，1mi²=2.589 988km²），由北向南延伸近200km，自东向西延伸超过100km，是澳大利亚面积最大的陆地国家公园，其面积相当于瑞士的一半④。卡卡杜国家公园建立的主要目的是保护多种多样的陆地生态系统，包括热

---

① 简圣贤. 澳大利亚保护区体系研究. 上海：同济大学, 2007.
② 孟沙, 徐军. 澳大利亚国家公园和野生动物管理工作概况. 野生动物, 1988, 9 (2): 3-5.
③ 王丹彤, 唐芳林, 孙鸿雁, 等. 新西兰国家公园体制研究及启示. 林业建设, 2018, (3): 10-15.
④ UNESCO World Heritage Convention. Kakadu National Park. https://whc.unesco.org/en/list/147/.

带草原、森林、潮滩和红树林等（图5-3）。该国家公园于1981年被列入世界遗产名录①。国家公园中的兰杰铀矿是世界上储量最丰富的铀矿之一②。

图5-3　卡卡杜国家公园主要景点图③

　　除部分不赋予当地居民任何管理权的国家（如美国）外，许多国家公园都试图发展国家政府与当地居民共同管理的联合管理模式，然而在大多数情况下，当地居民在实际的管理过程中并不拥有很大的话语权。目前，卡卡杜国家公园设立的政府与当地居民联合管理模式发展较为成熟，且是世界上第一个将部分管理权交于当地居民，并保障他们平等权利的国家公园④。

　　自从卡卡杜国家公园所处的土地有人类居住之时，宾林人/蒙盖伊族就在此处定居，并生活了超过50 000年的时间。根据1976年颁布的《土著土地权（北领地区）法》［Aboriginal Land Rights（Northern Territory）Act］，卡卡杜国家公园

　　①　Commonwealth of Australia. Welcome to Kakadu National Park. https://www. environment. gov. au/topics/national-parks/kakadu-national-park.

　　②　Britannica. Kakadu National Park. https://www. britannica. com/place/Kakadu-National-Park.

　　③　All Around Australia. Kakadu National Park in Australien - Alle Highlights！. https://www. all-around-australia. de/kakadu-national-park-australien/.

　　④　HAYNES C. Seeking control: disentangling the difficult sociality of Kakadu National Park's joint management. Journal of Sociology, 2013, 49（2/3）: 194-209.

内的大部分土地都是归当地居民所有的。1989 年，联邦政府国家公园管理局（Commonwealth Government's Director of National Parks）成立，并提出建立卡卡杜国家公园，起初国家公园内的当地居民对此持积极的态度，他们认为国家公园的设立可帮助他们在日益激烈的生态压力下更好地保护这片土地，因此这被视为一种维护利益的方式。然而，公园内大量矿产资源的发现却成为了国家公园建设的阻力——当地居民希望大量开采矿产资源。为了解决社会各方对于如何处理公园内丰富矿产资源的争议，双方进行了一系列的协商。最终，当地居民表示愿意不再开发矿产资源，但希望获得国家公园的管理权[1]。

根据达成的协议，当地居民通过他们所持有的原住居民土地信托基金（Aboriginal Land Trusts）将所有的土地租赁给国家公园管理局，政府将这部分土地与其原本持有的小片土地合并，建立了卡卡杜国家公园，为广大的国内外游客提供了娱乐和教育的机会[2]。因此，如今的政府-当地居民联合管理模式逐渐形成。为了支持这种联合管理制度的稳定运行，澳大利亚国家政府于 1999 年颁布了《环境保护和生物多样性保护法》（*Environment Protection and Biodiversity Conservation Act*）等一系列法律法规，宣布国家公园的成立，为国家公园接下来的管理提供了完善的规划框架和有效的法律约束力。

在卡卡杜国家公园管理局内，大部分的成员是当地居民，他们代表公园内传统业主的利益，而其他成员是国家政府的代表，代表国家政府的利益。当地居民和国家政府共同制定管理国家公园的政策和计划，并保障这些计划的顺利执行。目前，公园内的土地大部分仍为当地居民所有，小部分由国家公园管理局所有。国家公园管理局的活动受到联邦部长（Commonwealth Director）的监督。

早在该合作管理体系建立之前，联邦政府与当地居民就展开了许多合作。例如，联邦政府鼓励当地居民参与国家公园护林员的培训课程[3]，与当地居民共同商讨关于房屋、道路等基础设施建设的细节等。随着这类合作和交流的开展，联邦政府和当地居民两方之间建立了信任，这成为二者合作管理体系建立的基础[4]。另外，联邦政府和当地居民善于接纳其他文化和思想观念的宝贵精神也是必不可少的。

卡卡杜国家公园将部分管理权移交当地居民，可避免由于政府和当地居民对于公园内资源的开发持不同意见而产生矛盾，使两方和平共处。同时，这种模式

① HAYNES C. Seeking control: disentangling the difficult sociality of Kakadu National Park's joint management. Journal of Sociology, 2013, 49 (2/3): 194-209.

② Britannica. Kakadu National Park. https://www.britannica.com/place/Kakadu-National-Park.

③ Fox A. Kakadu is aboriginal land. Ambio: A Journal of the Human Environment, 1983, 12: 161-166.

④ TATZ C. Aborigines & Uranium and Other Essays. Melbourne: Heinemann Educational Australia, 1982.

减少了当地居民开发矿产资源的动机，避免他们开展非法商业活动，保障国家公园生态系统的完整性。此外，在决策达成时，来自国家政府的管理人员能够提供先进的管理知识，来自当地居民的管理人员能够提供传统的、世代积累的经验，二者的结合能够保障决策的科学性。在这种合作模式达成之前，国家政府与当地居民之间进行的合作活动和感情磨合奠定了两者互相信任的基础。但是，目前国家公园管理局内来自不同利益方的代表仍存在隔阂，当地居民的代表也反映自己话语权不够。

卡卡杜国家公园周边的贾比鲁（Jabiru）提供的设施可满足游客的一系列需求，包括服务站、警察局、医疗诊所、购物中心、一系列的商店和超市、报社和邮局、银行、旅行社、公共电话、游泳池、图书馆、理发店、高尔夫球场、餐厅、咖啡馆和面包店等。除了生活需求，游客还可购买各种各样的当地特色产品、渔具和预订商业旅游等。其他的小型旅游中心如库因达（Cooinda）可提供有限而简陋的设施。

国家公园道路沿途都设有加油站和服务站等，食物供给一直持续到晚上九点，并在之后持续为游客提供饮用水。服务站提供的食物包括野鹅和袋鼠派等特色菜，虽价格高昂，但深受游客喜爱。公园内许多地方设有野餐设施，可供游客一边欣赏自然风景一边享用食物。此外，这些服务与公园内其他的旅游项目相关联。例如，预订清晨巡游项目的游客可以更低的价格享用自助餐。

5.4 经验与启示

新西兰和澳大利亚国家公园的管理特点对我国的启示如下[①]：

（1）理顺中央—地方共管体制。因土地私有，澳大利亚有三个国家公园采取了中央—地方共管模式，我国宜大胆尝试中央—地方共管模式，以求在隶属关系、机构设置、重大问题请示与汇报、资金保障等方面形成制度与经验。

（2）正确处理与当地社区的关系。通过培训、雇佣，澳大利亚国家公园管理局与新西兰国家公园管理局促进了当地居民参与当地公园建设与管理，推动了地方经济发展。我国国家公园也涉及当地居民搬迁、工矿企业有序退出、国有自然资源有偿使用等问题，宜耐心处理与当地常住居民的关系。

（3）重视监测工作。澳大利亚持续加大对监测设备的投资力度，完善生物多样性和生态系统监测体系，全面细致地监测国家公园内的受威胁物种，并及时

---

① 曾以禹，王丽，郭晔，等．澳大利亚国家公园管理现状及启示．世界林业研究，2019，32（4）：92-96.

发布监测结果，为下一步国家公园保护提供了基础。我国宜加大对国家公园内生物多样性、自然资源和生态环境状况的监测力度，完善监测评估体系，定期发布监测报告。

（4）发挥科技和社交媒体的作用。澳大利亚与谷歌等高科技公司合作，采用虚拟游园技术，借助社交媒体平台，方便距离国家公园较远的游客参观游览国家公园。我国也有部分国家公园地处边疆或偏远内陆，宜适时利用虚拟技术，借助全媒体平台，实现全民共享。

第6章 非洲典型地区国家公园

南非位于非洲大陆的最南端，肯尼亚位于非洲东部，两国均属于热带季风区。两国的生态系统类型多样，动植物资源丰富。两国均在 20 世纪上半叶就引入了国家公园理念，20 世纪中叶建立了国家公园体制，显著提升了自然资源的保护成效[①]。两国国家公园的管理制度主要特征如下：①从管理模式来看，两国的国家公园均由国家成立专门部门进行自上而下的垂直管理。②从管理理念看，两国的国家公园管理高度重视保护地周边社区发展，始终探索社区与保护地共建共享的模式。③从经营机制来看，两国国家公园的管理都重视生态旅游功能。

6.1 国家公园概况

6.1.1 南非

南非作为全球生物多样性最为丰富的国家之一，尽管国土面积只占全球陆地面积的 2%，但植物物种却占全球的 10%，爬行动物、鸟类与哺乳动物物种占全球的 7%[②]。国家公园为南非多样化的物种提供了重要家园。

南非 2003 年出台的《国家环境管理法：保护地法》（*National Environmental Management：Protected Areas Act*，NEMA、PAA；以下简称《保护区法》）对国家公园的定义为[③]：国家公园是由国家划定的特定区域，旨在保护具有国家或国际重要性的生物多样性，或具有国家代表性的自然系统、风景区、文化遗产，或具有一种或多种生态系统的生态完整性，避免进行会破坏生态完整性保护的开采或

---

① 张贺全，吴裕鹏. 肯尼亚、南非国家公园和保护区调研情况及启示. 中国工程咨询，2019，（4）：87-91.

② 经济日报. 他山之石：南非国家公园的建设与管理经验.（2021-11-15）. http://chla. com. cn/htm/2021/1115/278073. html.

③ Republic of South Africa. National Environmental Management：Protected Areas Amendment Act 57 of 2005.（2005-02-11）. https://www. gov. za/sites/default/files/gcis_document/201409/a31-04. pdf.

占领，提供精神享受、科学、教育、娱乐与旅游机会，并在可行的情况下促进经济发展。

南非国家公园体系的发展始于 19 世纪 80 年代①。1884 年，南非首任总统克鲁格（Kruger）提出保护野生动物的必要性，并开始在南非传播国家公园思想。基于其理念，1926 年，南非通过《国家公园法》（*National Parks Act*），并正式设立了第一座国家公园——克鲁格国家公园（Kruger National Park）。克鲁格国家公园堪称非洲面积最大、最古老和最著名的自然保护区之一。随后的 20 世纪 30 年代至 21 世纪初，南非陆续建立了另外 18 个国家公园。

据南非统计局（Statistics South Africa）2021 年公布的数据②，2020 年南非受保护的土地面积为 11.28 万 km²，占该国国土面积的 9.2%。其中，国家公园占国土面积的 3.5%。南非目前共建有 19 个国家公园，分布在 7 个省份（表 6-1），这些国家公园反映了景观的多样性，是近距离观赏大型野生动物的全球首选地③。南非国家公园包括野生动物保护类型、湿地保护类型、海洋保护类型、森林生态保护类型等，并且国家公园对沙漠、多肉植物纳玛-卡鲁（Nama-Karoo）、稀树草原和多肉卡鲁四种生物群落的保护贡献最大。不少国家公园已加入和平公园④的行列，并由此而更名。国家植物园和省立公园在南非也发挥着重要作用，而私立公园在当地的自然保护战线也开始展现出重大影响力⑤。

表 6-1　南非国家公园概况一览表⑥

名称	位置	建立年份	面积/km²	特征
阿多大象国家公园（Addo Elephant National Park）	西开普省，从开普敦延伸到好望角，伊丽莎白港北边 100km	1931	120.00	非洲五霸（Big Five）（狮、非洲象、非洲水牛、豹和黑犀牛），庞大的象群，海洋

---

① Africa Geographic．The Kruger：History & Future．（2018-07-27）．https://africageographic.com/stories/history-and-future-of-the-kruger/.

② Statistics South Africa．The Nature of South Africa's Protected Area Estate．（2021-10-04）．https://www.statssa.gov.za/? p=14732.

③ 经济日报．他山之石：南非国家公园的建设与管理经验．（2021-11-15）．http://chla.com.cn/htm/2021/1115/278073.html.

④ 和平公园是跨界保护区的一种特殊类型，它是国家之间为了促进和平合作通过正式协议为跨界保护区授予的特殊称谓。

⑤ 陈安泽．旅游地学大辞典．北京：科学出版社，2013.

⑥ Exploring South Africa's National Parks．（2017-05-15）．https://www.departful.com/2017/05/south-africas-national-parks/.

续表

名称	位置	建立年份	面积/km²	特征
厄加勒斯角国家公园（Agulhas National Park）	西开普省南端，距离开普敦约200km	1998	0.20	非洲最南端，海洋，阿古拉斯角灯塔，沉船，鸟类种类，海洋生物
奥赫拉比斯瀑布国家公园（Augrabies Falls National Park）	奥赫拉比斯瀑布附近，北开普省乌平通西部约120km	1966	820.00	奥赫拉比斯瀑布，峡谷河，橙河，远山，夜行动物
邦特博克国家公园（Bontebok National Park）	西开普省，斯韦伦丹（Swellendam）附近	1931	32.00	兰格伯格山脉，布里德河，多种植物，附近的小镇
肯迪布国家公园（Camdeboo National Park）	坐落于东开普省的干旱台地高原，包围着赫拉夫-里内特（Graaf-Reinet）	2005	194.05	卡鲁景观，荒凉谷，观鸟，恩奎巴大坝，宁静
花园大道国家公园（Garden Route National Park）	东开普省和西开普省，由三个独立的公园组成：齐齐卡马国家公园（Tsitsikamma National Park）、克尼斯纳（Knysna）和荒野（Wilderness）	2009	1 210.00	海洋，森林，美丽的风景，小镇，海洋生物
金门高地国家公园（Golden Gate Highlands National Park）	自由省马洛蒂山山下，靠近莱索托北部边界，在约翰内斯堡西方320km处	1963	340.00	以险峻的山岩峭壁而闻名，休闲娱乐、徒步旅行、巴索托文化、迷人的风景、砂岩悬崖
卡鲁国家公园①（Karoo National Park）	西开普省，西博福特附近，毗邻通往莱茵堡的N1高速公路	1979	750.00	沙漠生态系统，克利普斯普林格山口，重新引入的狮子群体，观鸟，日落
卡拉哈迪跨境公园（Kgalagadi Transfrontier Park）	北开普省，延伸到博茨瓦纳	1931	3.60	红色沙丘，卡拉哈里平原，丰富的动物，黑鬃狮
克鲁格国家公园（Kruger National Park）	横跨普马兰加省东北部、林波波省东部，与莫桑比克和津巴布韦毗邻	1898	20 000.00	非洲五霸，狩猎，动物多样性，观鸟
马篷古布韦国家公园（Mapungubwe National Park）	林波波省，靠近穆西纳，位于沙希河与林波波河的交汇处	1995	280.00	古老的非洲历史，非洲五霸，除了野牛

---

① Karoo National Park. https://southafrica.co.za/karoo-national-park.html.

名称	位置	建立年份	面积/km²	特征
马拉克勒国家公园（Marakele National Park）	林波波省，位于比勒陀利亚北部，靠近博茨瓦纳边境	1994	—	非洲五霸，秃鹰，优秀的全景照片
莫卡拉国家公园（Mokala National Park）	北开普省金伯利西南部的普鲁伊博格	2007	264.85	濒危物种，开阔的平原，岩石艺术，夜空，参观解说中心
山斑马国家公园（Mountain Zebra National Park）	东开普省，伊丽莎白港北部靠近克拉多克	1937	284.00	猎豹、黑犀牛、开普山斑马、卡鲁沙漠景观、观星
纳马夸国家公园（Namaqua National Park）	距开普敦北部近495km，离卡米斯克隆西北部22km	1999	700.00	花田（8～9月），干旱的景观，海景，野猫
桌山国家公园（Table Mountain National Park）	西开普省，从开普敦延伸到好望角	2003	221.00	桌山，博尔德海滩的企鹅，海角，好望角，海洋，海岸景观，海滩
塔卡瓦·卡鲁国家公园（Tankwa Karoo National Park）	距南非最干旱地带，西开普省与北开普省交界萨瑟兰西部约70km	1986	—	卡鲁沙漠，干旱的景观，遥远的山脉，甘纳加山口，埃兰德斯堡
西海岸国家公园（West Coast National Park）	西开普省，开普敦以北一小时车程	1985	—	世界上面积最大的湿地保护区之一，内有兰格班潟湖、鸟类、鲜花、海滩、海岸美景
理查德斯维德跨境国家公园（Richtersveld Transfrontier National Park）	北开普省延伸到纳米比亚	1991	1 624.45	荒凉的风景，山峦，观星，花海，豹子

南非国家公园管理局（South African National Parks，SANParks）主管境内绝大多数国家公园园区。

6.1.2　肯尼亚

肯尼亚国土面积为 58.3 万 km²，位于东非大裂谷带上，自然风光独特，囊括了非洲大陆几乎所有的地貌，包括沙漠、森林、草原、湖泊、海岸以及积雪的高山[①]。这种广袤的地域环境为野生动物提供了丰富的栖息地，肯尼亚当前有 61 个国家公园与国家保护区，包括 23 个陆地国家公园、28 个陆地国家保护区、4 个国家海洋公园、6 个海洋国家保护区和 4 个国家禁猎区（national sanctuaries），这些保护区共同构成了肯尼亚的自然保护地体系[②]。上述保护区的面积约为 4.4 万 km²，接近肯尼亚国土面积的 8%。

肯尼亚的保护区和国家公园共同构成了其自然保护地体系[③]。其中，有 23 处保护区是以"国家公园"名义指定的（表 6-2）。1946 年设立的内罗毕国家公园（Nairobi National Park）是全国第一座国家公园，之后的 40 多年中肯尼亚相继建立了其他的 23 座国家公园。国家公园系统涵盖了热带大草原、高山雪峰、珊瑚礁、野生动物禁猎区和当地居民居留地。

表 6-2　肯尼亚国家公园概况一览表[①④]

名称	面积/hm²	建立年份	地理位置	景观特征
内罗毕国家公园（Nairobi National Park）	120	1946	肯尼亚内罗毕市中心以南 8km 处	河流、瀑布、湖泊、沼泽、动物舔盐区
安博塞利国家公园（Amboseli National Park）	392	1974	肯尼亚与坦桑尼亚交界地区	非洲第一高峰乞力马扎罗山、野生动物
东察沃国家公园（Tsavo East National Park）	20 700	1948	察沃河与蒙巴萨高速公路之间	平坦草原
西察沃国家公园（Tsavo West National Park）	—	1948	—	荒原莽莽、火山
肯尼亚山国家公园（Mount Kenya National Park）	1 420	1949	肯尼亚东部	森林保护区、死火山

① 刘丹丹. 基于地域特征的国家公园体制形成以肯尼亚国家公园为例. 风景园林, 2014, (3): 120-124.

② Kenya Travel Tips. Kenya National Parks and Reserves. (2016-08-21). https://kenyatraveltips.com/kenya-national-parks/.

③ 陈安泽. 旅游地学大辞典. 北京：科学出版社, 2013.

④ Exploring South Africa's National Parks. (2017-05-15). https://www.departful.com/2017/05/south-africas-national-parks/.

续表

名称	面积/hm²	建立年份	地理位置	景观特征
马尔萨比特国家公园（Marsabit National Park）	1 482	1949	马尔萨比特省的东部地区	火山口湖泊和沼泽、高耸的峭壁和巨型树木、森林乐园、野生动物
阿伯德尔国家公园（Aberdare National Park）	766	1950	肯尼亚中部高原（中央省）	火山山脉、树顶旅馆、瀑布、野生动物
阿拉布科索科凯国家公园（Arabuko Sokoke National Park）	—	1960	—	大量本土野生动物和鸟类
鲁马国家公园（Ruma National Park）	120	1966	安扎省	珍稀罗恩羚羊当地种群、多种狩猎物种
欧尔顿约萨布克国家公园（Ol Donyo Sabuk National Park）	20	1967	肯尼亚马查科斯郡	基里马姆博戈山
埃尔贡山国家公园（Mount Elgon National Park）	104	1968	乌干达同肯尼亚的交界处	大洞穴探险
梅鲁国家公园（Meru National Park）	870	1968	塔纳河沿岸	火山土壤、野生动物
纳库鲁湖国家公园（Lake Nakuru National Park）	188	1968	肯尼亚裂谷省首府纳库鲁市南部	珍禽、火烈鸟
希比罗依国家公园（Sibiloi National Park）	—	1973	肯尼亚北部图尔卡纳湖东岸	种类繁多的鸟类生活和沙漠环境
塞瓦沼泽国家公园（Saiwa Swamp National Park）	3	1974	肯尼亚裂谷省跨恩佐亚县的肯塔莱附近	绿色森林、热带湿地、河岸森林、相思林地和莎草
凯乌鲁山国家公园（Chyulu Hills National Park）	—	1983	肯尼亚的东部省	火山风景
隆戈诺特山国家公园（Mount Longonot National Park）	154	1983	非洲肯尼亚大裂谷奈瓦沙湖东南部	外形优雅的山脉、独特的裂谷火山风光
南岛国家公园（South Island National Park）	6 400	1983	—	彩虹喷口、珍稀野生动物物种
地狱之门国家公园（Hell's Gate National Park）	68	1984	肯尼亚裂谷省	多种多样的地形和地质风景、髭兀鹰
中央岛国家公园（Central Island National Park）	5	1985	—	火山、湖泊
恩代雷岛国家公园（Ndere Island National Park）	420	1986	肯尼亚尼安萨省	岛屿、各种鸟类
科拉国家公园（Kora National Park）	1 788	1989	肯尼亚山以东125km	野生动物

续表

名称	面积/hm²	建立年份	地理位置	景观特征
马尔卡马里国家公园（Malkamari National Park）	1 500	1989	曼德拉高原	多阿河、野生动物

　　肯尼亚野生动物管理局（Kenya Wildlife Service，KWS）主管全国的国家公园事务。肯尼亚山国家公园以及图尔卡纳湖区的三处国家公园先后在 1997 年和 2001 年作为自然遗产被列入《世界遗产名录》。以观赏野生动物为核心的生态旅游是肯尼亚国家公园及其社区可持续发展的基石。

6.2　管理体制与运行机制

6.2.1　法律体系

6.2.1.1　南非

　　1976 年，南非针对国家公园的管理出台了专项法规——《国家公园法》（National Parks Act），并依据该法令设立了南非国家公园管理局①和南非国家公园体系，创建了"国家公园土地征用基金"（National Parks Land Acquisition Fund）。《国家公园法》在 1997 年、1998 年、2001 年经历了三次修订，2003 年出台《保护区法》后《国家公园法》被废止。南非颁布了诸多与保护区管理相关的法令（表6-3），除了《国家公园法》，2004 年出台的《保护区法》还在国家层面上整合了 1998 年的《国家环境管理法》（*National Environmental Management Act*）、《国家森林法》、《世界遗产公约法》、《高山盆地法》等②。《保护区法》属于宪法框架，该法与其他保护区管理相关的法令一起形成了完整的环境保护法律框架体系。

---

　　① van der LINDEM FERIS L. Compendium of South African Environmental Legislation. 2nd ed. Pretoria：Pretoria University Law Press，2010.
　　② 唐芳林，孙鸿雁，王梦君，等．南非野生动物类型国家公园的保护管理．林业建设，2017，（1）：1-6.

表6-3　南非国家公园管理相关的法律体系

法律/法规名称	主要内容	发布年份
《国家公园法》（National Parks Act）	规范国家公园的控制、保护和管理	1976
《国家环境管理法：保护地法》（National Environmental Management: Protected Areas Act）	规定保护和管理代表南非生物多样性、自然景观和海景的生态可行地区	2003
《海洋生物资源法》（Regulations in Terms of the Marine Living Resources Act）	规范海洋生态系统的保护和海洋生物资源的长期可持续利用	1998
《生物多样性法》	—	2003
《环境保护法》（Environment Conservation Act）	规定环境的有效保护、控制和利用	1989
《湖泊发展法》	—	—
《世界遗产公约法》（World Heritage Convention Act）	将《世界遗产公约》纳入南非法律	1999
《国家森林法》（National Forests Act）	改革森林相关的法律	1998
《山地集水区域法》（Mountain Catchment Areas Act）	规定如何保护山地集水区域	1970
《国家环境管理法：生物多样性法》（National Environmental Management Act: Biodiversity Act）	规定在国家环境管理局建立的框架内管理和保护该国的生物多样性	2004

　　根据《保护区法》，南非受保护区域主要包括以下类型[①]：特殊自然保护区、国家公园、自然保护区和受保护的环境；世界遗产地；海洋保护区；根据1998年《国家森林法》宣布的特别保护林区、森林自然保护区和森林荒野区；根据1970年《山区集水区域法》宣布的山区集水区域。针对国家公园，《保护区法》主要提出了国家公园的定义、遴选标准、资格撤销标准等。

6.2.1.2　肯尼亚

　　肯尼亚政府对野生动物保护与管理的干预可以追溯到1898年，当时的英国"东非保护国"颁布了控制狩猎和野生动物及其产品贸易的法律。1945年肯尼亚通过了《肯尼亚皇家国家公园条例》（Royal National Parks of Kenya Ordinance），并于1946年成立了非洲第一个专门保护野生动物的国家公园——内

---

　　① 蔚东英，王延博，李振鹏，等. 国家公园法律体系的国别比较研究：以美国、加拿大、德国、澳大利亚、新西兰、南非、法国、俄罗斯、韩国、日本10个国家为例. 环境与可持续发展，2017，42（2）：13-16.

罗毕国家公园①。此后几十年中，肯尼亚逐步调整完善了野生动物保护与国家公园管理的立法体系②（表6-4）。

表6-4　肯尼亚国家公园管理相关的法律体系

法律/法规名称	主要内容	发布年份
《肯尼亚皇家国家公园条例》（*Royal National Parks of Kenya Ordinance*）	允许成立国家公园	1945
《野生动物保护和管理法》（*The Wildlife Conservation and Management Act*）	规定了肯尼亚野生动物的保护、养护管理以及相关事项	1976（数次修订）
《保护区指令》（*Protected Areas Order*）	划定保护区，并规定未经许可，任何人不得进入这些地区	1972，2011
《环境管理与协调法》（*Environmental Management and Co-ordination Act*）	为环境管理提供相应的法律和体制框架	1999
《肯尼亚宪法》（*Constitution of Kenya*）	为制定野生动物管理的法律与政策以及环境与自然资源可持续管理战略提供依据	2010
《国家水资源政策》（*National Water Policy*）	根据肯尼亚负责水事务的部门的授权、愿景和使命制定	2012
《森林政策》（*Forest Policy*）	为了可持续地发展、管理、利用和保护森林资源，提出具体目标和指导原则	2014
《森林保护与管理法》（*Forest Conservation and Management Act*）	对森林和林地的保护和管理作出规定，界定了森林的权利，并规定了使用林地的规则	2016
《水法》（*Water Act*）	根据《肯尼亚宪法》规定对水资源以及供水和污水处理服务进行监管、管理和开发	2016
《2030年国家野生动物战略》（*National Wildlife Strategy 2030*）	规定了保护和管理野生动物资源的原则、目标、标准、指标、程序和激励措施	2018
《2019—2024年国家环境管理局战略计划》（*National Environment Management Authority Strategic Plan 2019—2024*）	提出环境管理的六个关键领域	2019
《水资源条例》（*Water Resources Regulations*）	执行《水法》的规定，适用于一切水资源	2021

　　1976年，肯尼亚制定了独立后的第一个野生动物管理政策——《野生动物保护和管理法》（*The Wildlife Conservation and Management Act*），开始了肯尼亚野

---

① Republic of Kenya. Sessional Paper No. 01 of 2020 on Wildlife Policy. https://tourism. go. ke/wp-content/uploads/2021/07/WILDLIFE-POLICY-2020. pdf.

② 刘丹丹. 基于地域特征的国家公园体制形成：以肯尼亚国家公园为例. 风景园林，2014，21（3）：120-124.

生动物保护新的立法时代。到 20 世纪 80 年代中期，野生动物保护部门面临诸多长期挑战。例如，人与野生动物冲突加剧，未能实现综合野生动物管理方法，偷猎增加以及野生动物保护区内外野生动物种群减少。1989 年，肯尼亚政府修订了《野生动物保护和管理法》，并成立肯尼亚野生动物管理局（Kenya Wildlife Service，KWS），取代之前成立的所有野生动物保护机构。2007 年和 2010 年，肯尼亚先后修订了《野生动物保护和管理法》，涉及对保护区进行分类并规定入场费和其他收费，以及野生动物保护和管理处官员的职级①。

2010 年，肯尼亚颁布《肯尼亚宪法》（Constitution of Kenya），该法是肯尼亚自然资源管理，特别是野生动物保护政策的重要里程碑。《肯尼亚宪法》呼吁审查并调整所有现有的政策与法律，使之与新宪法保持一致。根据 2010 年《肯尼亚宪法》，肯尼亚于 2013 年底对《野生动物保护和管理法》进行了修订，允许更多的利益相关者参与野生动物保护与生态旅游，同时继续由国家行使监管权。2014 年和 2020 年，肯尼亚针对进入国家公园或保护区的收费标准修订了《野生动物保护和管理法》②。2016 年该法案针对准入国家公园方面也进行了相应修订③。

6.2.2 管理体系

在南非与肯尼亚，包括国家公园在内的保护地体系的管理工作都由国家环境保护行政主管部门负责，由政府统一规划、指导并进行监督管理。

6.2.2.1 南非

南非的国家公园管理体系为自上而下型管理体系。根据 2003 年颁布的《保护区法》，南非在国家、省/地区级和地方三级分别设有相应的保护区管理机

---

① UNEP. Wildlife (Conservation and Management) (Amendment) Order, 2010 (L. N. No. 111 of 2010). (2010-06-23). https://leap. unep. org/en/countries/ke/national- legislation/wildlife- conservation- and- management-amendment-order-2010-ln-no.

② UNEP. The Wildlife (Conservation and Management) (National Parks) (Amendment) Regulations, Legal Notice no. 34 of 2022. (2022-02-04). https://leap. unep. org/countries/ke/national-legislation/wildlife-conservation-and-management-national-parks-amendment-4.

③ UNEP. Wildlife Conservation and Management (National Parks) (Amendment) (No. 2) Regulations, 2016 (L. N. No. 86 of 2016). (2016-05-16). https://leap. unep. org/countries/ke/national-legislation/wildlife-conservation-and-management-national-parks-amendment-no.

构①。2019 年前，国家层面保护区的管理由南非环境事务部（Department of Environmental Affairs）、水务和林业部（Department of Water Affairs and Forestry, DWAF）负责。2019 年，南非环境事务部与农业、林业和渔业部的林业和渔业部门合并成为林业、渔业和环境部（Department of Forestry, Fisheries and the Environment, DFFE），主要由该机构负责保护环境与自然资源。当地社区、地方直辖市、政府和非政府组织在自然保护地管理中起着重要的作用②。

南非国家公园管理局（South African National Parks, SANParks）成立于 1956 年，隶属于林业、渔业和环境部，负责南非 19 个国家公园的管理运营和整体监督③（图 6-1）。SANParks 的法律地位在 1976 年的《国家公园法》中得以确立，2004 年《保护区法》取代《国家公园法》后，仍承认了 SANParks 的法律地位。SANParks 是一个半独立的机构，但是有独立的办公地点。SANParks 的愿景为：建立可持续、与社会相连接的国家公园体系，旨在保护当代与后代人的公平利益，通过创新和最佳实践来发展、扩大、管理和促进能够代表生物多样性和遗产的、可持续的国家公园体系。总体来说，SANParks 的任务包括以下三类④：

（1）保护自然和文化遗产。SANParks 的主要任务是通过国家公园体系保护南非的生物多样性、景观和相关遗产资产。SANParks 每年都会开展活动，提高公众对该组织及其公园的认识，并促进公众对国家公园的自豪感。在国家公园周（National Parks Week）期间，公园可以免费进入，从而使那些负担不起参观公园费用的公民也可以进入公园。

（2）开展旅游。SANParks 在促进南非面向国内外旅游市场的自然旅游或生态旅游业务方面发挥着重要作用，并且生态旅游为 SANParks 提供了来自商业运营的自营收入。生态旅游的重要组成部分之一是商业化的战略，SANParks 通过实施公私伙伴关系来扩大旅游产品，为生态保护和社会经济发展提供额外收入。

（3）促进社会经济发展。SANParks 已作出战略决定，将致力于扩大其在向邻近社区提供发展支持方面的作用。同时，SANParks 还需要在国际、国家和地方层面建立选区，通过其企业社会投资支持南非自然与文化遗产保护。此外，SANParks 必须确保南非人广泛参与和加入生物多样性倡议，进一步确保其所有业务与邻近或周边社区具有协同存在，以实现教育和社会经济利益，从而使更广

① 唐芳林，孙鸿雁，王梦君，等. 南非野生动物类型国家公园的保护管理. 林业建设，2017，（1）：1-6.
② 钟永德，徐美，刘艳，等. 典型国家公园体制比较分析. 北京林业大学学报（社会科学版），2019，18（1）：45-51.
③ 蔚东英. 国家公园管理体制的国别比较研究：以美国、加拿大、德国、英国、新西兰、南非、法国、俄罗斯、韩国、日本 10 个国家为例. 南京林业大学学报（人文社会科学版），2017，42（2）：13-16.
④ SANParks. About Us. https://www.sanparks.org/about/.

泛的社会与国家公园联系起来。

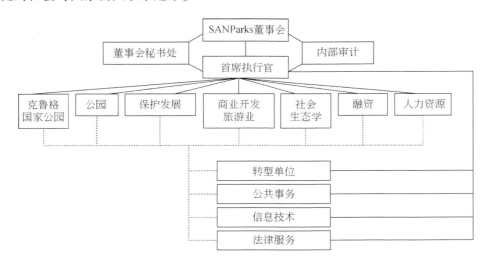

图 6-1 南非国家公园管理局（SANParks）组织机构图①

《保护区法》规定，SANParks 的管理董事会成员数量介于 9~12 名，其中包括理事长、由理事长指定的部门官员和首席执行官。《保护区法》提出，SANParks 的主要职能包括②：管理繁殖和栽培计划；出售、交换或捐赠公园内的任何动物、植物或其他生物；开展和促进研究；控制、移除或根除其认为不适合在公园内保护的任何物种或物种标本；进行公园管理所需的任何开发、建造或架设任何工程；允许游客进入公园；制定交通规则、处罚和执行交通规则；采取合理措施确保访客和工作人员的安全和福祉；为来访者和工作人员提供住宿和设施，包括提供食物和家庭用品；开展任何业务或贸易或提供其他服务以方便访客和员工，包括酒类销售；确定并收取费用。

6.2.2.2 肯尼亚

肯尼亚国家公园由肯尼亚政府确立，KWS 负责经营③。KWS 于 1990 年成立，隶属于肯尼亚旅游和野生动物部（Ministry of Tourism and Wildlife），是管理肯尼

① SPENCELEY A. Integrating biodiversity into the tourism sector: best practice and country case studies case study of South Africa. Research gate. 2001, 10. 13140/RG. 2. 1. 1349. 3601.

② van der LINDE M, FERIS L. Compendium of South African Environmental Legislation. 2nd ed. Pretoria: Pretoria University Law Press, 2010.

③ 刘丹丹. 基于地域特征的国家公园体制形成：以肯尼亚国家公园为例. 风景园林, 2014, (3): 120-124.

亚国家公园和自然保护区的最高管理机构，受肯尼亚总统办公室的直接管理和指导。KWS 的在职员工有 3000 多名，其中包括以军队形式组成的 1000 名动物保安。KWS 管理着肯尼亚约 8% 的土地，包括国家公园、国家保护区、海洋国家公园和海洋国家保护区等①。KWS 还建有 154 个野外站，用于管理保护区以外的野生动物。除了野生动物栖息地，国家公园和野外站还具备办公区和住宅区、培训机构、车间区、研究中心、乐队、酒店、商店和餐馆、钻井、道路网络、飞机跑道以及相关的工厂与设备。

KWS 的主要宗旨是可持续地保护和管理和肯尼亚的野生动物及其生境，并提供广泛的公共用途。鉴于此，其工作目标包括以下三方面：第一，保护生物多样性；第二，促进资源保护与旅游开发的协调；第三，建立地方、国家、国际等不同层面团体间的伙伴关系。

KWS 的具体职责包括以下七种②：①制定保护、管理和利用各类动植物（家畜除外）的政策与准则；②管理国家公园和保护区，包括保护区内外的游客与野生动物的安全；③就野生动物保护和管理的最佳方法向中央政府、地方政府和土地所有者提供建议；④授权许可、控制和监督保护区以外的所有野生动物保护与管理相关的活动；⑤提供野生动物保护教育与推广服务，以增强公众意识；⑥开展和协调野生动物保护与管理领域的研究活动并传播信息；⑦开展野生动物保护与管理的能力建设，包括管理和协调有关野生动物各方面的国际议定书、公约和条约。

在肯尼亚，很多野生动物生活在保护区之外，因此不可避免地会产生动物与人类的冲突问题。为解决这种冲突，KWS 与保护区外围社区形成战略伙伴关系，共同保护野生动物。KWS 设有野生动物和社区服务部门（Wildlife & Community Service Division），其下的国家公园与保护区部门负责保护区内的保护和管理，社区野生动物部门负责保护区外的保护和管理（图 6-2）。KWS 的这种管理组织方式吸纳了更多的参与者，不仅与社区居民建立协作保护的关系，还在地方、国家、国际等不同层次建立了伙伴关系。

6.2.3　经营运行管理

全球的国家公园大都根据功能定位实行分区管理。国家公园的功能区大致包

---

① Devex. Kenya Wildlife Service. https://www.devex.com/organizations/kenya-wildlife-service-52703.

② Kenya Wildlife Service. Kenya Wildlife Service Strategic Plan 2012-2017. https://www.kws.go.ke/oldweb/content/strategic-plans.

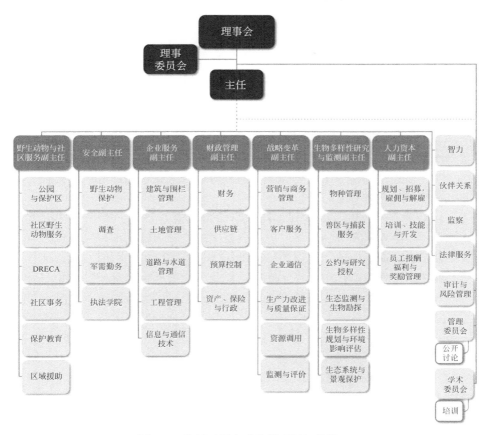

图 6-2　肯尼亚野生动物管理局机构设置

含以下四类：严格保护区、重要保护区、限制性利用区和利用区。从严格保护区到利用区，国家公园范围内的保护程度逐渐降低，而资源利用程度与公众可进入性逐渐增强①。

6.2.3.1　南非

　　根据南非对国家公园的界定，国家公园要在兼顾保护环境的同时，促进当地经济的发展②。南非有两种类型的政策举措来规范保护区和旅游业的长期可行

---

① 黄丽玲，朱强，陈田．国外自然保护地分区模式比较及启示．旅游学刊，2007，22（3）：18-25.

② 钟永德，徐美，刘艳，等．典型国家公园体制比较分析．北京林业大学学报（社会科学版），2019，18（1）：45-51.

性，包括11项国家立法和9项省级立法①。《保护区法》（*Protected Areas Act*）和《生物多样性法》（*Biodiversity Act*）是推动制定 SANParks 保护区管理计划的两项重要立法，以确保实现保护区管理与居民合作。SANParks 建立了利益相关者参与策略，公园管理将使用该策略来管理自然资源和维护文化价值。南非1996年制定的《旅游发展白皮书》（*White Paper on Tourism Advancement*）、《国家旅游行业战略》（*National Tourism Sector Strategy*）和2003年的《旅游法》（*2003 Tourism Act*）、《黑人经济赋权宪章》［*Black Economic Empowerment（BEE）Charter*］，都是为了给商业企业、当地社区和联邦政府更多的机会从这一经济领域获利。

在管理方式上，南非国家公园主要通过游客分区政策和社区共管模式，协同推进生态保护与旅游开发：

（1）游客分区政策。南非许多国家公园都有管理计划，利用分区制度来规划具有不同旅游发展水平的区域。以克鲁格国家公园为例，该国家公园一直在推动国家公园旅游业的发展，在保护野生动植物资源的保护的同时，对当地社会经济发展也起到了积极的作用。为了解决旅游业的发展对生物多样性保护与管理带来的负面影响，使经济和生态环境平衡发展，克鲁格国家公园实施了游客分区政策，在公园的南部划分出了五个供游客休息的区域，把游客的活动范围扩展到较为偏远的南部地区，以满足游客的观赏和体验需求，在保证旅游业质量的同时，也减少了局部游客密度对环境的影响。

（2）社区共管模式。SANParks 建立后很长一段时间内完全依赖自身力量管理国家公园内森林和动物资源，20世纪60年代以后才开始与周边社区开始合作，建立合作共赢关系。主要合作方式包括：通过动物拍卖，允许周边居民到国家公园收获自然资源；雇佣居民就业；社区共管等。20世纪80年代以后，SANParks 利用野生动物拍卖、生态旅游、私人生态保护区、周边社区建设等方式，发展了一个完整的生态保护产业链。以克鲁格国家公园为例，该公园管理过程中定期听取社区的意见和建议，通过举办社区论坛加深与社区的交流，大大提升了社区居民参与公园保护的积极性和主动性②。

6.2.3.2 肯尼亚

在肯尼亚，旅游业收入约占地区生产总值（GDP）的25%，而其中约70%

---

① ADETOLA B O. Biodiversity conservation and tourism sustainability in Africa//Sustainable Utilization and Conservation of Africa's Biological Resources and Environment. Singapore：Springer，2023.

② 李锋. 国家公园社区共管的体系建构与模式选择：基于多维价值之考量. 海南师范大学学报：（社会科学版），2022，35（1）：102-111.

来自野生动物旅游业①。肯尼亚国家公园允许修建小屋和酒店、环保旅馆、家庭旅馆等，推动国家公园旅游业的发展。KWS 于 2005 年开始启动国家公园品牌计划，提高国家公园和保护区的识别度①。截至 2012 年，已有 22 个国家公园和保护区拥有自己的品牌。此外，为了保证和完善品牌建设，KWS 还通过引种、品牌管理措施、基础设施建设项目和野生动物保护机制等措施，促进和推动野生动物资源的保护。

6.2.4 资金管理

6.2.4.1 南非

从收入与支出上看，南非独立后建设国家公园的初期，只有克鲁格国家公园等个别国家公园能够实现盈利，SANParks 收支处于严重失衡的状态，其运营依赖于政府提供的大量补贴②。对于南非这一发展中国家而言，这种情况势必会使国家公园可持续发展受到影响。

目前，SANParks 采取商业运营战略，政府只有在市场出现危机时起到调控和支配的作用③。国家公园的经费有三个渠道：一是国家预算安排；二是旅游收益；三是国际组织捐款。依赖于繁荣和可持续的旅游业务，SANParks 实现了资金自筹，大约 80% 的运营预算来自生态旅游业务，生态旅游业务很大程度上支撑了保护任务的完成④。SANParks 每年要花费大约 25 亿南非兰特（1 南非兰特≈0.4008 人民币）用于其管辖的保护地，在所有的保护机构中支出最高。SANParks 约 67% 的支出直接用于各类保护地，相当于每公顷的保护花费 600 南非兰特，单位保护面积投入在所有保护机构中较低。

6.2.4.2 肯尼亚

旅游业在肯尼亚经济中起着非常重要的作用，其中 70% 来自野生动物旅游业。和 SANParks 类似，KWS 的主要资金也是来源于国家公园旅游收入，包括门

---

① 邓佳. 狂野非洲. 中国环境报. (2016-09-30). http://epaper.cenews.com.cn/html/2016-09/30/content_50760.htm.

② SAAYMAN M, SAAYMAN A. Regional development and national parks in South Africa: lessons learned. Tourism Economics, 2010, 16 (4): 1037-1064.

③ 钟永德, 徐美, 刘艳, 等. 典型国家公园体制比较分析. 北京林业大学学报（社会科学版）, 2019, 18 (1): 45-51.

④ SANParks. About Us. https://www.sanparks.org/about/.

票和影视拍摄管理费用、国家保护区各类许可证办理费用等①。通过将这些资金收入投入到国家公园建设中，进一步保护野生生物及生态环境。

6.2.5 公众参与

6.2.5.1 南非

SANParks 建立早期，与公园周边社区的关系非常恶劣②。从管理机构的角度出发，周边社区的存在不利于生物多样性保护，甚至会阻碍旅游业的发展。究其原因，这可能是由于当地居民迫于生计成为潜在的偷猎者，滥用区域内的自然资源。从周边社区的角度出发，政府篡夺了其土地与自然资源，同时国家公园内的野生动物也给其生产生活带来不良影响。

经过 100 多年的发展，当前南非的国家公园管理形成了较为完善的公众参与制度，建立自然保护地时非常重视当地居民的权益保护。南非在规划建设国家公园之前，首先会对当地居民的权益进行正当性分析，通过充分保障当地居民的各项权益，使其与国家公园和谐相处。具体保障方式包括③：

（1）政府通过立法形式，保障当地居民的权益。南非发布的《国家环境管理法：保护地法》《环境管理法》等，以立法形式明确规定了当地居民在自然保护地享有相应的正当权利，包括：第一，参与自然保护地的决策，并获取一定的自然资源；第二，政府每年都会在年度财政预算中给予当地居民一定的资金，重视当地居民的权益保护。

（2）通过政策支持等方式充分尊重当地居民的权利。主要举措包括：第一，为改善当地居民的生活环境，政府在其生活区周边兴建了很多基础设施；第二，通过实施反歧视黑人就业的政策，允许当地居民在自然保护地管理机构工作，帮其解决就业问题。

（3）为当地居民提供机会，参与国家公园的保护与建设。桌山国家公园为发挥自然教育和社区惠益功能，向贫困社区提供了多样化的参与项目，包括为当

① 邓佳. 狂野非洲. 中国环境报. (2016-09-30). http://epaper.cenews.com.cn/html/2016-09/30/content_50760.htm.

② MAGOME H, MUROMBEDZI J. Sharing South African national parks: community land and conservation in a democratic South Africa//Decolonizing Nature: Strategies for Conservation in A Post-Colonial Era. Oxford: Taylor and Francis, 2003.

③ 陶广杰，潘善斌. 自然保护地原住居民权益保护问题探究. 林业调查规划，2021，46（5）：45-50，157.

地学校提供拓展教育活动、雇用当地劳动力参与保护与建设项目等①。

6.2.5.2 肯尼亚

肯尼亚在国家公园的规划、建设以及经营管理各环节，充分考虑了当地居民的利益，鼓励社区居民积极参与保护工作，以此建成共建共治共享体系，确保更有效地保护野生动植物资源，使国家公园生态旅游得以成功开发。肯尼亚政府的做法如下②：

（1）共同建设国家公园。在国家公园规划的初级阶段，主动听取当地居民的意见，使其了解旅游规划及进展情况。在生态旅游开发初期，鼓励社区居民积极参与以了解保护区规划和进展情况，了解生态旅游带来的社会、经济和环境影响。

（2）推动共同管理。采取各种手段鼓励当地居民直接参与旅游业的经营与管理，使当地人或企业成为旅游开发、经营和管理的主体，并从中获益，以此带动当地经济发展，提高当地居民的收入水平和生活质量①。为了避免野生动物保护和当地社区发展之间的冲突，保护部门设立了野生动物与社区服务部门，为当地社区人员提供训练与装备，共同加强国家公园和保护区内外野生动物的保护和管理③。

（3）确保利益共享。南非国家公园旅游开发的利润部分返还当地社区，以此推动文化遗产、生物多样性的保护。肯尼亚政府在国家公园真正做到了"以人为本"。

6.3 案例分析——克鲁格国家公园

克鲁格国家公园（Kruger National Park，KNP）创建于1898年，是南非建立的第一个国家公园。该国家公园占地面积为19 458km²（7523mi²），也是南非最大的国家公园④。克鲁格国家公园北邻津巴布韦，东临莫桑比克，拥有九个不同的入口，国家公园内提供的游猎向导可以帮助游客导航和发现野生动物，同时也允许自驾游猎。克鲁格国家公园野生动物资源丰富，是约147种大型哺乳动物、517种鸟类和114种爬行动物的家园（图6-3）。

---

① 张同升. 南非、肯尼亚国家公园资源保护经验及启示.（2023-06-09）. https://www. ciecc. com. cn/art/2023/6/9/art_2218_90016. html.

② 任瑛. 南非、肯尼亚自然保护区管理考察及启示. 预算管理与会计，2008，（10）：47-48.

③ 邓佳. 狂野非洲. 中国环境报.（2016-09-30）. http://epaper. cenews. com. cn/html/2016/09/30/content_50760. htm.

④ Kruger National Park. https://national-parks. org/south-africa/kruger.

图 6-3　克鲁格国家公园主要景点图①

克鲁格国家公园的管理董事向 SANParks 的首席执行官报告①。管理层包括：负责战略与报告的总经理、负责企业配套服务的总经理、负责技术服务的高级总经理、负责保护行动服务的高级总经理、负责旅游运营的高级总经理，以及负责社会经济发展的高级总经理。园区管理主要由 SANParks 支持，提供人力资源、财务、供应链管理、旅游和营销、审查和审计服务。除此之外，克鲁格国家公园还得到了公园规划和发展、兽医野生动物服务、科学服务等功能的支持。

克鲁格国家公园在使用强度方面按照以下类型进行分区：荒野区、偏远区、原始区、低强度休闲区和高强度休闲区②。克鲁格国家公园只有 18.59% 的区域被划分为旅游区（低强度休闲区和高强度休闲区），这两个区域包含了该国家公园中最不敏感的区域。其余 81.41% 划作荒野区、偏远区及原始。克鲁格国家公园周边的社会经济特征为①：西部与南部边界为半城市化/城市化开发地区，主要为甘蔗种植园、城市景观与勘探、采矿区等，城市扩张会给国家公园的边界带来潜在影响；中段与北段的西部边界主要是一些私人和省级自然保护区、非正规保护区以及符合保护性土地利用实践的社区自给农业；北部边界主要是农村地

---

① Kruger National Park. https://national-parks. org/south-africa/kruger.

② Kruger 10- year Management Plan. https://africageographic. com/stories/kruger- 10- year- management-plan/.

区，经济机会有限。

鉴于克鲁格国家公园边界沿线许多社区的失业率和贫困率都很高，国家公园是当地经济收入的最重要来源之一。2016～2017年，游客数量超过181万人次，超出了国家公园的容纳量。2017年，该国家公园的总收入接近8.25亿南非兰特。克鲁格国家公园内的大部分员工来自周边社区，人力资源支出的很大一部分通过支付工资流向了这些地区和家庭。

通过与邻近的地区和地方市政当局、各种外部捐助者和邻近的当地社区合作，克鲁格国家公园在使以前处于不利地位的个人和中小型企业（SMMEs）更好地获得与国家公园有关的机会方面取得了令人满意的进展。这些机会包括生物多样性保护项目（如通过"生物多样性社会项目：为水而工作"计划消灭外来入侵物种）、向特许经营项目出售工艺品、向国家公园邻近社区外包餐饮和运输服务、向国家公园和特许经营社区提供当地产品和新鲜农产品，以及在国家公园内和门口活动中心开发商业发展机会等。

6.4　经验与启示

（1）南非与肯尼亚政府都高度重视当地居民参与国家公园的保护和建设，并将国家公园的发展与扶贫、就业计划相结合[1]。南非政府规定，建立保护区前应征求当地居民的意见，并考虑其利益。肯尼亚要求旅游利益不应尽由旅游集团所独享。我国若干国家公园及候选区地处偏远贫困山区，必须协调好保护与发展的关系，建立"以旅游谋发展，以利民促保护"的发展模式，将周边居民纳入生态旅游发展与环境保护体系中来，让居民参与生态旅游的规划、开发、经营与管理，使居民成为资源环境保护的重要成员，从中获得足够的经济和社会利益，形成良性循环。

（2）将生态旅游作为国家公园的重要功能之一[2]。两国都将生态旅游作为国家公园的重要功能，甚至作为城市发展的重要引擎。生态旅游受到严格的管控，管控项目包括游客行为、限额管理和预约制度、设施建设及经营项目。

---

① 张同升. 南非、肯尼亚国家公园资源保护经验及启示.（2023-06-09）. https://www.ciecc.com.cn/art/2023/6/9/art_2218_90016.html.

② 张贺全，吴裕鹏. 肯尼亚、南非国家公园和保护区调研情况及启示. 中国工程咨询，2019，（4）：87-91.

第 7 章 | 北欧典型地区国家公园

挪威、瑞典地处欧洲北部地区，纬度较高，生物多样性丰富程度相对较低。然而，两国的生物多样性保护工作十分出色，尤其是在自然保护的管理方面作出了巨大努力，并积累很多成功的经验[①]。

国家公园的管理制度主要体现在管理理念、管理体制、资金机制、经营机制等方面：①从管理理念看，两国的国家公园及其管理机构的使命表述虽然不尽相同，但其核心理念都是保护自然资源的永续利用和为人民提供游憩机会，体现了国家公园公益性这一本质属性。②挪威与瑞典的体制结果相似，两国国家公园或其他大型保护区的管理权力均属于中央政府，实行自上而下的垂直管理，并辅以其他部门的合作和民间机构的协助。③两国国家公园管理中公众直接参与程度相对有限。

7.1 国家公园概况

7.1.1 挪威

挪威是南北狭长的山国，斯堪的纳维亚山脉纵贯全境，西海岸多峡湾地貌。挪威国土类型包括37%的森林和60%的山脉、沼泽或湖泊。因此，挪威的国家公园中近85%的面积都是山区[②]，既有延绵起伏的高原，也有陡峭的山峰，既有幽深的山谷，也有壮阔的冰川。

20世纪50年代，挪威对国内各种资源的广泛开发引发了对荒野地区的侵扰，导致荒野面积大量减少，加快了人们对保护区态度的改变，国家公园应运而生。1954年，挪威通过《自然保护法》（*Natural Protection Act*），为在国内设立保护区创造了制度环境[③]。依法成立的自然保护政府咨询委员会（Nature Protection

---

① 薛达元，王健民．丹麦瑞典自然保护管理考察简报．农村生态环境，1996，12（2）：62-64.

② Visit Norway. https://www.visitnorway.cn/things-to-do/nature-attractions/national-parks/.

③ CHEN A，NG Y，ZHANG E，et al. National park system，Norway//Dictionary of Geotourism. Singapore：Springer，2020.

Government Advisory Committee），提出要在全国设立 16 处国家公园的系统规划草案，该草案连同 1962 年和 1963 年设立的最初两处国家公园，开创了挪威的第一代国家公园①。挪威第一个国家公园龙达纳国家公园成立于 1962 年。截至 1982 年，挪威共设立国家公园 16 处。

1986 年，自然保护政府咨询委员会提出第二个系统规划方案，政府在 1993 年 4 月予以批复，启动挪威第二代国家公园。截至 2021 年 12 月，挪威共设立了 47 处国家公园②（表 7-1）。其中，7 座国家公园位于斯瓦尔巴群岛（Svalbard Archipelago），4 座海洋国家公园中 98% 的受保护区域是在水下的。除国家公园之外，挪威还建有景观保护区、自然保护区、自然纪念地和其他面积更小的保护区，全国总共有 3000 多个保护区域。

表 7-1　挪威国家公园一览表③④

国家公园名称	面积/km²	坐标（°E）	坐标（°N）	地理位置	建立年份
安德达伦国家公园（Ånderdalen National Park）	12 500	69.20	17.27	特罗姆斯	1975
布拉菲耶拉-斯克亚克菲耶拉国家公园（Blåfjella- Skjækerfjella National Park）	192 400	64.15	13.23	北特伦德拉格	1970
布雷黑门国家公园（Breheimen National Park）	144 800	65.18	13.90	北特伦德拉格、诺尔兰	2004
伯尔格山国家公园（Børgefjell National Park）	64 500	62.20	70.97	奥普兰、松恩和菲尤拉讷	2009
多夫勒山国家公园（Dovre National Park）	28 900	62.08	9.53	奥普兰	1963
多夫勒山-松达尔国家公园（Dovrefjell- Sunndalsfjella National Park）	169 400	62.40	9.17	默勒和鲁姆斯达尔、奥普兰、南特伦德拉格	2003
费尔德国家公园（Færder National Park）	34 000	59.12	10.52	西福尔	1974

---

① Discover Norway's Abundant National Parks. https://www.fjordtours.com/inspiration/articles/national-parks-norway/.

② Norway's National Parks. https://www.norgesnasjonalparker.no/en/.

③ The European Continent Is Home to Over 400 National Parks. https://nationalparksofeurope.com/europes-parks/.

④ List of National Parks of Norway. https://wikimili.com/en/List_of_national_parks_of_Norway.

续表

国家公园名称	面积/km²	坐标（°E）	坐标（°N）	地理位置	建立年份
费蒙兹马尔卡国家公园（Femundsmarka National Park）	57 300	62.22	12.12	海德马克、南特伦德拉格	2013
福尔格冰川国家公园（Folgefonna National Park）	54 500	60.08	6.40	霍达兰	1971
福兰德特国家公园（Forlandet National Park）	106 200	62.63	10.67	斯瓦尔巴群岛	2005
弗罗霍格纳国家公园（Forollhogna National Park）	8 250	61.47	12.68	南特伦德拉格、海德马克	1973
富鲁山国家公园（Fulufjellet National Park）	2 300	62.02	12.17	海德马克	2001
古图利亚国家公园（Gutulia National Park）	45 000	60.60	7.70	海德马克	2012
哈林斯卡维特国家公园（Hallingskarvet National Park）	343 000	60.13	75.26	布斯克吕、霍达兰	1968
哈当厄尔高原国家公园（Hardangervidda National Park）	11 700	—	—	布斯克吕、霍达兰、泰勒马克	2006
安德尔韦峡湾国家公园（Indre Wijdefjorden National Park）	131 000	61.68	6.98	斯瓦尔巴群岛	1981
约姆弗鲁兰国家公园（Jomfruland National Park）	115 100	61.50	8.37	泰勒马克	2005
约斯特谷冰原国家公园（Jostedalsbreen National Park）	68 200	66.88	15.80	松恩和菲尤拉讷	2016
尤通黑门国家公园（Jotunheimen National Park）	18 800	66.84	14.23	奥普兰、松恩和菲尤拉讷	1991
容克达尔国家公园（Junkerdal National Park）	53 700	61.20	9.50	诺尔兰	1980
拉库国家公园（Láhko National Park）	33 300	64.30	13.90	诺尔兰	2004
朗苏阿国家公园（Langsua National Park）	9 900	67.89	12.96	奥普兰	2012
列尔恩国家公园（Lierne National Park）	110 200	6.55	13.00	诺尔兰	2011
罗弗托登国家公园（Lofotodden National Park）	5 100	68.52	15.50	诺尔兰	2004

国家公园名称	面积/km²	坐标（°E）	坐标（°N）	地理位置	建立年份
洛姆斯达尔－维斯坦国家公园（Lomsdal-Visten National Park）	140 900	68.73	24.75	诺尔兰	2018
梅萨林国家公园（Møysalen National Park）	75 000	68.63	19.87	诺尔兰	2009
北伊斯峡湾国家公园（Nordre Isfjorden National Park）	11 900	69.10	28.83	斯瓦尔巴群岛	2003
西北维斯特－斯匹次卑尔根国家公园（Nordvest- Spitsbergen National Park）	60 700	58.43	9.00	斯瓦尔巴群岛	2003
奥夫尔阿纳尔约卡国家公园（Øvre Anárjohka National Park）	17 100	67.43	15.98	奥斯陆、芬马克	1973
奥夫尔迪维达尔国家公园（Øvre Dividal National Park）	196 900	62.21	81.78	特罗姆斯	2023
奥夫尔帕斯维克国家公园（Øvre Pasvik National Park）	80 300	69.20	21.97	芬马克	1971
拉特国家公园（Raet National Park）	57 100	68.57	18.87	东阿格德尔	1970
拉戈国家公园（Rago National Park）	96 300	61.83	9.50	诺尔兰	2016
赖因海门国家公园（Reinheimen National Park）	210 200	66.60	14.18	奥普兰，默勒和鲁姆斯达尔	1971
雷萨国家公园（Reisa National Park）	31 600	70.38	23.17	特罗姆斯	2006
罗昆博里国家公园（Rohkunborri National Park）	41 750	67.40	15.00	特罗姆斯	1986
龙达纳国家公园（Rondane National Park）	44 150	63.27	11.47	海德马克、奥普兰	2011
萨尔特－斯瓦蒂森山国家公园（Saltfjellet-Svartisen National Park）	74 700	—	—	诺尔兰	1962
萨森－本索地国家公园（Sassen-Bünsow Land National Park）	180 500	58.97	10.68	斯瓦尔巴群岛	1989
塞兰国家公园（Seiland National Park）	35 400	59.00	11.00	芬马克	2003
苏恩卡滕国家公园（Sjunkhatten National Park）	464 700	78.55	11.12	斯瓦尔巴群岛	2006

续表

国家公园名称	面积/km²	坐标（°E）	坐标（°N）	地理位置	建立年份
斯卡万和罗特达伦国家公园（Skarvan and Roltdalen National Park）	112 700	79. 00	16. 00	斯瓦尔巴群岛	2010
南斯匹次卑尔根国家公园（Sør-Spitsbergen National Park）	136 200	77. 87	15. 32	斯瓦尔巴群岛	2004
斯塔布尔斯达伦国家公园（Stabbursdalen National Park）	295 400	78. 40	14. 38	斯瓦尔巴群岛	1973
诺登舍尔德地国家公园（Nordenskiöld Land National Park）	991 400	79. 58	11. 50	斯瓦尔巴群岛	1970
瓦朗厄尔半岛国家公园（Varangerhalvøya National Park）	123 000	78. 38	17. 25	斯瓦尔巴群岛	2021
伊特雷瓦莱尔国家公园（Ytre Hvaler National Park）	1 328 600	77. 15	16. 28	斯瓦尔巴群岛	2006
总面积	6 626 550	—	—	—	—

2021 年 9 月，挪威宣布将新建 10 个国家公园[①]，包括增加 4 个全新的国家公园以及 6 个由景观保护区升级的国家公园。此外，挪威还计划扩建 8 个现有的国家公园。其中，4 个新的国家公园都位于挪威西部：将是布雷芒厄的霍讷伦峰；位于马斯菲尤恩和阿尔韦拉的马斯费尔德国家公园；位于克瓦姆、萨姆南厄尔、瓦克斯达尔的奥斯塔赫斯国家公园；位于默勒-鲁姆斯达尔郡的孙墨尔山国家公园。扩大后的国家公园将包括罗昆博里国家公园、布拉菲耶拉-斯克亚克菲耶拉国家公园、斯卡文和罗尔特达伦国家公园、费蒙兹马尔卡国家公园、多夫勒国家公园、约斯特达尔布林国家公园、尤通黑门国家公园和拉特国家公园。

挪威的大多数国家公园都可开展徒步旅行、平地滑雪和野营活动，不少园区建有零星的过夜接待设施。

7.1.2 瑞典

瑞典是世界著名的森林之国，瑞典国土面积为 4400 多万公顷，森林面积为

---

① Norway Is Creating 10 New National Parks in Hopes of Combating Climate Change. https://www. travelandleisureindia. in/the-conscious-traveller/norway-creates-new-national-parks-in-hopes-to-combat-climate-change/.

2400 多万公顷，森林覆盖率达 60%①。瑞典的国家公园是和森林联系在一起的。瑞典议会于 1909 年通过《国家公园法》和第一部自然保护法，同年成立 9 个国家公园，是欧洲第一个设立这种国家公园的国家。1918～1962 年，瑞典设立了 7 个国家公园；1982～2009 年，瑞典又增设了 13 个国家公园。科斯特哈维国家公园是第一个海岸公园，于 2009 年 9 月成立。截至 2020 年，瑞典共有 30 个国家公园（表 7-2），总面积为 743 238hm²，约占该国国土面积的 1.6%。瑞典计划在 4 年内再增设 6 个国家公园。

表 7-2　瑞典国家公园一览表②③④

国家公园名称	面积 /hm²	坐标（°E）	坐标（°N）	地理位置	建立年份	景观特征
阿比斯库国家公园 （Abisko National Park）	7 700	68.32	18.68	北博滕省，北极圈以北 200km 的区域	1909	北极光、历史遗迹
昂索国家公园（Ängsö National Park）	168	59.63	18.77	斯德哥尔摩省	1909	丰富的植被
奥斯内斯国家公园 （Åsnens National Park）	1 900	56.62	14.62	克鲁努贝里省	2018	—
比约恩兰德国家公园 （Björnlandet National Park）	1 080	63.97	18.02	西博滕省	1991	原始森林
蓝色少女国家公园（Blå Jungfrun National Park）	198	57.25	16.79	卡尔马省	1926	海岛、岗岩资源
达尔比南森林国家公园 （Dalby Söderskog National Park）	36	55.67	13.32	斯科纳省	1918	落叶林
于勒国家公园（Djurö National Park）	2 400	58.85	13.47	西约塔兰省	1991	22 座群岛、天然港口

① 侯海涛. 瑞典的森林管理. 广西林业，2006，(6)：50-51.

② The European Continent Is Home to Over 400 National Parks. https://nationalparksofeurope.com/europes-parks/.

③ 瑞典旅游局. 逃离城市计划：去国家公园里避暑.（2022-07-13）. https://mp.weixin.qq.com/s/3ZuzFbHyLYTfoOA6AyYqQg.

④ 30 National Parks in Sweden. https://www.swedentips.se/national-parks/.

国家公园名称	面积 /hm²	坐标（°E）	坐标（°N）	地理位置	建立 年份	景观特征
法内博海湾国家公园（Färnebofjärden National Park）	10 100	60.18	16.77	达拉纳省、耶夫勒堡省、乌普萨拉省和西曼兰省	2002	丰富的鸟类、独特的景观、丰富的地貌
菲吕山国家公园（Fulufjället National Park）	38 500	61.58	12.67	达拉纳省	1909	裸岩和荒地、瀑布
加尔普许坦国家公园（Garphyttan National Park）	111	59.28	14.88	厄勒布鲁省	1909	植物的海洋
戈茨桑岛国家公园（Gotska Sandön National Park）	4 490	58.37	19.25	哥得兰省	1909	岛屿、沙滩、海豹
哈姆拉国家公园（Hamra National Park）	1 380	61.77	14.75	耶夫勒堡省	1909	森林，大型捕食动物
哈帕兰达群岛国家公园（Haparanda Archipelago National Park）	5 980	65.57	23.73	北博滕省	1995	群岛
科斯特哈维国家公园（Kosterhavet National Park）	38 800	58.83	11.02	西约塔兰省	2009	海洋国家公园
穆杜国家公园（Muddus National Park）	49 300	66.90	20.17	北博滕省	1942	丰富的森林和沼泽资源
北克维尔国家公园（Norra Kvill National Park）	114	57.77	15.58	卡尔马省	1927	高大茂密的植物
帕亚伦塔国家公园（Padjelanta National Park）	198 400	67.37	16.80	北博滕省	1962	高山景观、湖泊、石楠植被
派列凯瑟国家公园（Pieljekaise National Park）	15 340	66.33	16.73	北博滕省	1909	丰富的山地白桦林景观
萨勒克国家公园（Sarek National Park）	197 000	67.28	17.70	北博滕省	1909	冰川、野生动物
斯库勒国家公园（Skuleskogen National Park）	3 060	63.12	18.50	西诺尔兰省	1984	高耸的海岸线
南山脊国家公园（Söderåsen National Park）	1 620	56.01	13.22	斯科纳省	2001	狭长裂谷、丰富的自然生态

续表

国家公园名称	面积/hm²	坐标（°E）	坐标（°N）	地理位置	建立年份	景观特征
桑菲雅勒国家公园（Sonfjället National Park）	10 300	62.28	13.53	耶姆特兰省	1909	独特的荒原地衣生态
石顶山国家公园（Stenshuvud National Park）	390	55.67	14.27	斯科纳省	1986	丰富的植被和野生动物
大湖山谷国家公园（Stora Sjöfallet National Park）	127 800	67.48	18.35	北博滕省，阿卡山脉	1909	高山自然景观
大沼泽国家公园（Store Mosse National Park）	7 850	57.27	13.92	延雪平省	1982	沼泽地形
提维登国家公园（Tiveden National Park）	1 990	58.72	14.61	西约塔兰省与厄勒布鲁省	1983	大片原始森林、冰河时期就存在的巨石、遍布的洞穴
托福辛达伦国家公园（Töfsingdalen National Park）	1 615	62.17	12.43	达拉纳省	1930	丰富的户外运动资源、野生动物
特雷斯提克兰国家公园（Tresticklan National Park）	2 890	59.03	11.75	西约塔兰省	1996	天然森林和独特的裂谷景观
泰雷斯塔国家公园（Tyresta National Park）	2 000	59.18	18.30	斯德哥尔摩省	1993	丰富的野生动物资源
瓦德维特卡国家公园（Vadvetjåkka National Park）	2 630	68.55	18.40	北博滕省	1920	柳树林、沼泽、鸟类

  瑞典的国家公园大部分区域都位于该国最北端的拉普兰地区（Lapland），事实上，瑞典国家公园83%的面积都位于北部的北博滕省（Norrbotten County）。瑞典建立国家公园的目的是尽可能地保护大面积森林土地的自然状况，以及进行科学研究和开展野外游乐活动[1]。但具体到每一个国家公园，还有一些特殊的目的。

  瑞典国家公园由瑞典环境保护局（Swedish Environmental Protection Agency, SEPA）管理，目标是系统地管理各独特自然区域的受保护地区[2]。建立国家公园

---

① 王修齐，张铭. 瑞典的国家公园. 陕西林业科技, 1990, (4): 68, 72.
② 瑞典国家公园. https://baike.baidu.com/item/%E7%91%9E%E5%85%B8%E5%9B%BD%E5%AE%B6%E5%85%AC%E5%9B%AD/8235494?fr=aladdin.

时，瑞典政府和议会就建立新的国家公园作出决定[①]。瑞典环境保护局、县行政委员会和其他地方团体共同处理遴选和准备工作。当地居民在建设新国家公园中也发挥着重要作用。

瑞典最初建立的国家公园并没有固定的标准，主要判断依据基于一个地区的风景景观和旅游价值。经过 100 多年的发展和完善，当前瑞典环境保护局明确规定[①]，国家公园必须具有很高的自然价值，并且应该满足以下标准：①作为全国系统的一部分，应单独或作为整体的一部分代表广泛或独特的自然景观；②在面积至少 1000hm² 的区域内包括各种自然环境；③包括具有瑞典景观代表性的自然区域，并保持其自然状态；④是具有吸引力的自然美景或独特的环境，给人们留下持久的自然体验和持久的印象；⑤是有效保护的可行主题，同时适合研究、户外休闲和旅游，且不会损害其自然价值；⑥国家公园内的土地归国家所有。

7.2　管理体制与运行机制

7.2.1　法律体系

7.2.1.1　挪威

在国家公园的法律体系建设上，挪威对景观、植物、动物以及自然文化遗产均有严格保护，同时依法开展旅游活动，并以不影响自然景观和自然资源再生能力为限。

从 1970 年开始的《自然保护法》（*Nature Conservation Act*）指出[②]，国家公园的指定应保护"大片不受干扰或基本上不受干扰、有特色或美丽的自然生境"。在 2009 年颁布的《自然多样性法》[③]（*Nature Diversity Act*）的现行立法中，以类似的方式表达了这一点："拥有独特或具有代表性的生态系统或景观，且没有重大基础设施开发的大片自然生境区域，可作为国家公园加以保护"。重要的是，《自然多样性法》也指出"条例应保护景观及其植物、动物、地质特征和文化古迹，使其不受可能破坏保护目的的开发、设施、污染和其他活动的影响，并确保

---

① National Parks in Sweden. (2024-09-16). https://www.naturvardsverket.se/en/topics/protected-areas/different-types-of-nature-conservation/national-parks-in-sweden/.

② Act No. 63 of 1970: Nature Conservation Act. https://www.ecolex.org/details/legislation/act-no-63-of-1970-nature-conservation-act-lex-faoc003772/.

③ Nature Diversity Act. https://www.regjeringen.no/en/dokumenter/nature-diversity-act/id570549/.

人们能够享受不受干扰的自然环境"。游客的需要和社会价值观已明确纳入挪威国家公园的现行立法。

根据挪威《户外休闲法》①（Outdoor Recreation Act）的规定，允许行人进入或在国家公园内通行。只有在国家公园划定的区域内，为了保护动植物、文化古迹或地质特征，才可以限制或禁止这种进入或通行。

在挪威，与国家公园及其保护有关的其他法律包括：《野生生物法》（*Wildlife Act*）、《鲑鱼、淡水鱼及相关事项法》（*Act Relative to Salmonids and Freshwater Fish and Related Matters*）、《关于未开垦土地和水道上的机动车辆的法》（*Act Relating to Motor Traffic on Uncultivated Land and in Watercourses*）、《文化遗产法》（*Cultural Heritage Act*）和《污染控制法》（*Pollution Control Act*）。

7.2.1.2 瑞典

瑞典出台了国家公园管理专项法规——《国家公园法》，瑞典同时也具有较健全的自然保护法规体系②。这些法规主要有：《瑞典环境法典》（*Swedish Environmental Code*）（1998）、《自然资源管理法》（*Act Relative to the Management of Natural Resources*）（1987）、《植物保护法》（*Plant Protection Act*）（2002）、《林业法》（*The Forestry Act*）（1979）、《自然保护法》（*Nature Conservancy Act*）（1964），以及《瑞典特别经济区法》（*Act on Sweden's Exclusive Economic Zone*）（1992）等。

《瑞典环境法典》规定③：属于州政府的土地或水域，经议会批准，可由政府指定为国家公园，目的是保护某一景观类型的大片毗连区域处于自然状态或基本不变。有关国家公园的维护和管理的规则，以及对国家公园内土地或水的使用权的限制，可由政府或政府指定的当局颁布。

1964 年颁布的《自然保护法》是一部基本法，在其"国家公园"一章中规定属于国家所有并拥有自然景观的土地可以建为国家公园，这意味着所有国家公园都是国有土地。而在"自然保护区"一章中则规定国有和私有的并具有保护意义的土地都可辟为自然保护区。

瑞典的国家公园和自然保护区都归口瑞典环境保护局统一监督管理。

---

① Outdoor Recreation Act. (1957-06-28). https://www.regjeringen.no/en/dokumenter/outdoor-recreation-act/id172932/.

② 薛达元，王健民. 丹麦瑞典自然保护管理考察简报. 农村生态环境，1996，12（2）：62-64.

③ The Swedish Environmental Code. (2000-08-01). https://www.government.se/legal-documents/2000/08/ds-200061/.

7.2.2 管理体系

挪威与瑞典的体制结构相似，两国国家公园或其他大型保护区的管理权力属于中央政府，实行自上而下的垂直管理，并辅以其他部门的合作和民间机构的协助①。

7.2.2.1 挪威

挪威环境局（Norwegian Environment Agency）和气候与环境部（Ministry of Climate and Environment）对挪威的保护区负有全国性的全面责任②③（图7-1）。挪威国家公园隶属气候与环境部下的挪威环境局，指定当地政府负责管理④。政府和议会建立了挪威自然保护的框架⑤，而挪威环境局、各省的省长和斯瓦尔巴特群岛的总督根据《自然多样性法》（Nature Diversity Act）和《斯瓦尔巴特群岛环境保护法》（Svalbard Environmental Protection Act）开展保护工作。

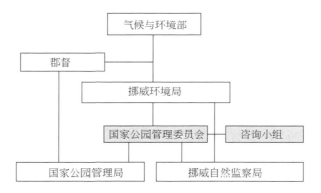

图 7-1　挪威国家公园的管理模式

①　FAUCHALD O K, GULBRANDSEN L H, ZACHRISSON A. Internationalization of protected areas in Norway and Sweden：examining pathways of influence in similar countries. International Journal of Biodiversity Science, Ecosystem Services & Management, 2015, 10 (3)：1-17.

②　BREIBY M A, SELVAAG S K, ØIAN H, ed al. Managing sustainable development in recreational and protected areas. The Dovre Case, Norway, Journal of Outdoor Recreation and Tourism, 2022, 37：100461.

③　HIDLE K. How national parks change a rural municipality's development strategies：the Skjåk case, Norway. Journal of Rural Studies, 2019, 72：174-185.

④　The Environmental Management System of Norway. (2016-03-08). https：//home. usn. no/finnh/cv/docs/The_Environmental_Management_System_of_Norway. pdf.

⑤　Our Responsibilities. https：//www. environmentagency. no/norwegian-environment-agency/our-responsibilities/.

挪威环境局在特隆赫姆（负责自然管理）和奥斯陆（负责气候和污染）等城市设有办事处，以及挪威自然监察局（Norwegian Nature Inspectorate，NNI）下属的60多个地方办事处[①]。挪威环境局分为8个部门（图7-2），拥有约700名员工，主要任务与责任是管理挪威的自然和防止污染[②]。挪威环境局为气候和环境政策的制定提供建议，并负责实施。在业务上，该机构是独立的，这意味着它可以独立地就个案进行决策、交流知识和信息，并提出建议。该机构主要职能包括收集和传递环境信息，行使监管权力，监督和指导区域和地方一级政府，提供专业技术咨询，参与国际环境活动。挪威自然监察局致力于在重要的自然和文化遗产区域通过监察、监测、信息、指导和行政管理等手段，维护国家环境价值，并预防环境犯罪。

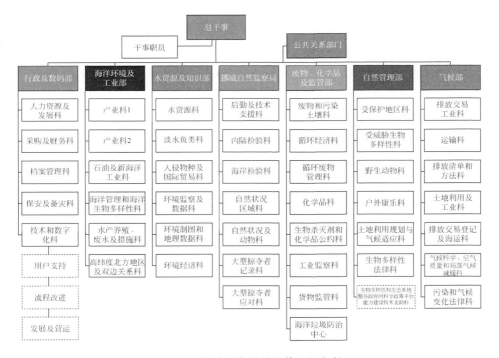

图7-2　挪威环境局的整体组织架构

① Norwegian Environment Agency. https://www.regjeringen.no/en/dep/kld/organisation/Subordinate-agencies/norwegian-environment-agency/id85642/.

② Norwegian Environment Agency. About us. https://www.environmentagency.no/norwegian-environment-agency/about-us/.

在 2010 年的治理变革之后，挪威保护区的决策权通过国家公园委员会的建立被下放给了当地和地区选举产生的政治家。国家公园委员会负有管理责任，但无权改变保护规则和条例。政府目前正在开发更具有本地利益代表性的管理模式。

7.2.2.2 瑞典

瑞典的国家公园属于"中央—郡—市"型管理体系，由瑞典环境保护局（Swedish Environmental Protection Agency, SEPA）、自然水土保持中心、林业局以及公园所在地、县的相应部门共同管理[①]。具体管理者通常是国家公园所在县的议会，也有一些例外。例如，由提尔森林基金会（Stiftelsen Tyrestaskogen）管理的泰雷斯塔国家公园（Tyresta National Park）[②]。国家公园的管理计划倾向于让自然尽可能地顺其自然，但在传统管理的地区，如在树篱中老式饲养放牧动物，这种类型的人类影响必须持续下去，否则该地区将失去其特征。

瑞典政府于 1967 年设立 SEPA，该部门虽辖于国家环境与自然资源部，但同时又直属中央政府[③][④]（图 7-3）。目前，SEPA 有 500 工作人员，分属 7 个司级机构，负责自然保护的是自然资源司，该司是瑞典环境保护局的一个主要职能司，共有 80 多个人员编制。自然资源司的主要职能是：负责生物多样性及生物资源的编目，制定生物多样性保护规划，采取自然保护的行动和措施，管理和监测自然保护区和国家公园等。在国家环境与自然资源部辖下并与自然保护有关的机构还有国家林业局、国家农业局、国家渔业局等，它们和 SEPA 一样，都是相对独立的中央直属机构，但在生物多样性保护方面，主要由 SEPA 牵头，组织林业、农业、渔业、住房与规划、驯鹿饲养、旅游等部门共同开展工作。瑞典地方的环保机构常常与其他机构合并一处，但具有专职的自然保护管理人员，并且各国家公园一般都设有专门的管理机构和人员。

---

① 钟永德，徐美，刘艳，等. 典型国家公园体制比较分析. 北京林业大学学报：（社会科学版），2019，18（1）：45-51.

② Sveriges Nationalparker. https://www.vildmarksliv.nu/nationalparker/.

③ 薛达元，王健民. 丹麦瑞典自然保护管理考察简报. 农村生态环境，1996，12（2）：62-64.

④ The Organisation of the Swedish Environmental Protection Agency.（2024-05-28）. https://www.naturvardsverket.se/4a37d4/contentassets/93549b53b0a04dc08ad99c606e2aa16b/swedish-epa-organisation-20240601.pdf.

图 7-3　瑞典环境保护局的整体组织架构

7.2.3　经营运行管理

7.2.3.1　挪威

根据不同背景和保护目标，国家公园大都实行分区管理。国家公园的功能区可归纳为严格保护区、重要保护区、限制性利用区和利用区四类。从严格保护区到利用区，保护程度逐渐降低，而利用程度及公众可进入性逐渐增强①。

在挪威，国家公园的管理比其他许多国家更加严格，几乎所有的机动车辆都被拒之门外。然而，自由漫步、滑雪及露营是允许的。因为考虑到保护自然环境，所以公路、住宿及服务中心全部设在公园之外。

挪威国家公园的管理模式以地方管理为主，该模式为国家公园管理中地方更大程度地参与及与地方更好地互动提供了基础。

7.2.3.2　瑞典

为保障公民的公共通行权，瑞典范围内所有的国家公园都免费向公众开放。游客必须要在选定的露营点露营，不能采摘受保护的植物。国家公园被作为纯粹

---

① 黄丽玲，朱强，陈田. 国外自然保护地分区模式比较及启示. 旅游学刊，2007，22（3）：18-25.

的自然保护地，保护和尊重自然是每个游人的义务。此外，各个国家公园的游客中心都是一大亮点，其在建筑设计与展览陈设方面，都尽可能体现各个公园的特色，尤其是地理和生态知识的普及，丝毫不逊专业博物馆。

7.2.4　资金管理

瑞典国家公园的资金主要来自国家财政全额拨款，以及由中央政府、地方政府、社区共同出资成立的基金①。

瑞典对所有满足国家和世界自然保护联盟国家公园标准且有代表性和独特性的国家公园进行筛选，收集当地居民的意见，然后由瑞典环境保护局组织协商讨论，在充分考虑居民的建议之后，瑞典国会再就国家公园下一步的资金管理进行决策②。瑞典环境保护局负责全国国家公园和自然保护区的规划，并主要承担国家公园的建设和管理投资以及部分资助自然保护区的建设和管理费用。瑞典环境保护局有时采用基金投资的方式。例如，泰雷斯塔国家公园，它的资金主要来源于环境保护局在建立此国家公园时设立的一个基金，基金规模为3900万瑞典克朗（约合600万美元），每年利息达250万瑞典克朗，全部用于该国家公园的管理开支。

7.2.5　公众参与

挪威和瑞典都没有履行公众直接参与自然保护原则的国际承诺，这涉及国家发挥"扶持"作用，调动治理资源支持权力下放的决策，同时保留必要时进行干预的权力，以捍卫重要的少数群体利益或支持国际目标③。

7.2.5.1　挪威

在挪威，自然保护的特点是地方行动者与中央政府之间的持久冲突④。2010

---

① 钟永德，徐美，刘艳，等. 典型国家公园体制比较分析. 北京林业大学学报（社会科学版），2019，18（1）：45-51.
② 邱胜荣，赵晓迪，何友均，等. 我国国家公园管理资金保障机制问题探讨. 世界林业研究，2020，33（3）：107-110.
③ HOVIK S, SANDSTRÖM C, ZACHRISSON A. Management of protected areas in Norway and Sweden: challenges in combining central governance and local participation. Journal of Environmental Policy and Planning, 2010, 21（2）：159-177.
④ HOVIK S, REITAN M. National environmental goals in search of local institutions. Environment and Planning C, Government and Policy, 2004, 22（5）：687-699.

年，挪威对国家公园和其他大型保护区实行地方管理[①]。由地方政治家组成的保护区委员会在管理保护区方面被授予更大的权力。这些保护区委员会直接隶属于气候与环境部，执行国家权力。同时，保护区委员会成员由对地方选民负责的政治家组成，旨在平衡地方利益和国家义务以及保护和利用之间的关系。然而，由于缺乏动员和透明度，民众的参与和支持力度较弱。此外，阻碍委员会处理当地经济发展的正式限制可能会降低委员会对当地政治领导层的吸引力。

7.2.5.2 瑞典

瑞典的环境治理和管理在历史上基本上是中央集权的，地方影响和控制水平很低[②]。对菲吕山国家公园和科斯特海洋国家公园，瑞典发展了一种保护区分散的特别合作模式[③]。这种合作模式意味着区域国家当局（郡行政委员会，County Administrative Boards，CABs）将有限的责任（主要是日常管理方面的责任）委托给合伙组织。有关市政当局和CABs的代表以及其他相关利益攸关方（如驯鹿放牧单位、渔民组织和村协会）会参加相关的会议。SEPA在一些合作组织中也有代表。

7.3 案例分析——哈当厄尔高原国家公园

哈当厄尔高原国家公园（Hardangervidda National Park）建立于1981年，公园面积为3445km²，是挪威最大的国家公园，其大部分区域是北欧面积最大的哈当厄尔高原[④]。哈当厄尔高原国家公园拥有丰富的生物多样性，尤其是最大的野生驯鹿群的家园，也是北极狐等其他脆弱物种的家园（图7-4）。国家公园管理的目标是稳定驯鹿的数量，以供冬季放牧。

---

① HOVIK S, HONGSLO E. Balancing local interests and national conservation obligations in nature protection: the case of local management boards in Norway. Journal of Environmental Planning and Management, 2017, 60 (4): 708-724.

② COLCHESTER M. Conservation policy and indigenous peoples. Environmental Science & Policy, 2004, 7 (3): 145-153.

③ FAUCHALD O K, GULBRANDSEN L H, ZACHRISSON A. Internationalization of protected areas in Norway and Sweden: examining pathways of influence in similar countries. International Journal of Biodiversity Science, Ecosystem Services & Management, 2015, 10 (3): 1-17.

④ Hardangervidda National Park. https://www.norgesnasjonalparker.no/en/nationalparks/hardangervidda/.

图 7-4　哈当厄尔高原国家公园主要景点图①

　　哈当厄尔高原国家公园是挪威颇受欢迎的户外旅游胜地，游客可以在这里进行徒步旅行、爬山、钓鱼、越野滑雪等多种户外活动②。国家公园允许步行、滑雪或骑马进入，通常禁止机动车辆。该国家公园内有大量的徒步小径和滑雪路线网络，这使得哈当厄尔高原国家公园成为徒步旅行者和滑雪者的无障碍地区。西部高原主要呈现出高山、深谷和壮观的瀑布。高原东面宽阔、温和的地形很适合漫步。湖泊和河流丰富，使该地区成为垂钓者的天堂。

　　哈当厄尔高原国家公园在其南部的斯金纳布（Skinnarbu）建造了国家公园游客中心③。该中心设有屡获殊荣的互动野生驯鹿展览和一个拥有挪威最佳全景的咖啡馆。除此之外，游客还可以在游客中心体验自然步道、观看有关国家公园的电影、游览图书馆和每年新的夏季展览。

---

　　①　Escape to Hardangervidda—Europe's Largest Mountain Plateau. https://thebesttravelplaces. com/hardangervidda/.

　　②　Visitor's Centre Hardangervidda National Park Eidfjord. https：//norsknatursenter. no/en/om- oss/visitors-centre- hardangervidda- national- park/.

　　③　Hardangervidda National Park. https：//www. norgesnasjonalparker. no/en/nationalparks/hardangervidda/.

7.4　经验与启示

挪威和瑞典在国家公园管理方面具有一些共同的特点：

（1）国家公园或其他大型保护区的管理权力属于中央政府，实行自上而下的垂直管理，并辅以其他部门的合作和民间机构的协助。国家公园根据中央政府机构（挪威环境局和瑞典环境局）和中央政府的地区分支机构（挪威的县长和瑞典的县行政委员会）提出的科学评估和专业建议[①]指定。

（2）管理基金多样化。首先，政府非常重视，投入足够的国家财政拨款支持国家公园的运营[②]。同时，两国也成立基金，作为国家公园建设与保护管理经费的重要来源之一。

（3）两国的自然保护法规比较健全，特别是地方法规具体到每个国家公园。

（4）两国的国家公园实行免费开放机制。同时，注重自然教育，公众的自然保护意识较强，自觉性高。

---

① HONGSLO E, HOVIK S, ZACHRISSON A, et al. Decentralization of conservation management in Norway and Sweden: different translations of an international trend. Society & Natural Resources, 2016, 29 (8): 998-1014.

② 薛达元，王健民. 丹麦瑞典自然保护管理考察简报. 农村生态环境，1996，12 (2): 62-64.

第三部分

我国国家公园管理体制研究

第 8 章 | 三江源国家公园

2016 年，我国启动首个国家公园体制试点——三江源国家公园体制试点。2021 年，三江源国家公园成为我国正式设立的第一批国家公园之一。历时八年多，经过近六年的试点探索和两年多的建设实践，三江源国家公园组织实施了一系列原创性改革，通过借鉴国际经验，结合中国国情，走出了一条具有三江源特点的国家公园体制创新之路①。

8.1 国家公园概况

三江源位于青藏高原腹地，是长江、黄河、澜沧江（国外称湄公河）的发源地，素有"中华水塔"和"亚洲水塔"之称。三江源的保护对全国乃至全球都具有重要意义，主要表现为：第一，三江源是我国重要的淡水资源补给地，每年为流域 18 个省（区、市）和 5 个国家提供近 600 亿 m^3 的优质淡水②；第二，三江源是世界高海拔地区生物多样性最集中的地区，素有"高寒生物种质资源库"之称；第三，三江源是亚洲、北半球乃至全球气候变化的敏感区和重要启动区③；第四，三江源是我国重要的生态安全屏障，发挥着涵养水源、保持水土、防风固沙、维持生物多样性等重要功能。

三江源国家公园位于青海省西南部，总面积为 19.07 万 km^2。该国家公园的边界东为玛多县黄河乡，西为羌塘高原，南至唐古拉山脉，北至东昆仑山脉，地理范围为 89°24′6″E ~ 99°6′46″E，32°26′4″N ~ 36°16′49″N④。三江源国家公园由长江源、黄河源、澜沧江源三个园区构成（表 8-1），长江源区多分布俊美的高山冰川，黄河源头湖泊星罗棋布，澜沧江源头峡谷两岸风光无限。

---

① 李光明．三江源国家公园探索"条例+法律"联合执法模式筑牢长江源头重要生态屏障．（2022-07-26）．http://fazhi.yunnan.cn/system/2022/07/26/032202674.shtml.

② 筑牢生态安全屏障 三江源国家公园生态保护取得新进展．（2022-11-29）．https://t.m.china.com.cn/convert/c_nx771IoN.html.

③ 三江源国家公园管理局．公园基本概况及核心价值．（2023-09-18）．http://sjy.qinghai.gov.cn/about/gk/16606.html.

④ 澎湃新闻·澎湃号·政务．【三江源国家公园·山】平均海拔 4500 米以上守护雪山冰川．（2022-06-24）．https://www.thepaper.cn/newsDetail_forward_18722035.

表8-1 三江源国家公园三个园区涉及的范围、保护重点及保护目标①

项目	长江源园区	黄河源园区	澜沧江源园区
涉及范围	位于玉树藏族自治州治多县、曲麻莱县，包括可可西里国家级自然保护区、三江源国家级自然保护区索加-曲麻河保护分区	位于果洛藏族自治州玛多县境内，包括三江源国家级自然保护区的扎陵湖-鄂陵湖和星星海两个保护分区	位于玉树藏族自治州杂多县，包括三江源国家级自然保护区果宗木查、昂赛两个保护分区
保护重点	珍稀濒危野生动物、冰川雪山、草原草甸、江河湿地、野生动物的栖息地和迁徙通道	沙化地和水土流失区修复、冰川雪山、高寒草甸、生态系统、湖泊湿地、珍稀物种生物多样性保护	冰川雪山、高山峡谷林灌木和野生动物、冰蚀地貌、有害生物防治、退化生态系统修复
保护目标	打造"野生动物天堂"生态展示平台，搭建长江源科考探险廊道，创建可可西里世界自然遗产品牌	开展黄河探源和自然生态体验，能够再次展现20世纪80年代高原千湖景观	打造森林峡谷览胜走廊，塑造国际河流源区探秘胜地

根据管理幅度，三江源国家公园划分为治多、曲麻莱、可可西里、玛多、杂多、格拉丹东6个管护区。在行政区划方面，涉及治多、曲麻莱、玛多、杂多4县和可可西里自然保护区管辖区域，共覆盖12个乡镇、53个行政村。区域内地貌以山原和高山峡谷为主，主要山脉有昆仑山、巴颜喀拉山、唐古拉山等。平均海拔在4500m以上，河流密布，沼泽与湖泊众多，面积超过1km²的湖泊有167个②。

三江源国家公园拥有丰富的自然资源，这里集草地、湿地、森林、雪山、冰川、江河源头和野生动植物于一体（图8-1）。区域内草地面积广大，总面积为13.25万km²③；湿地面积7.33万km²，大小湖泊水泽有1.6万个，河流湿地每年向下游供水600亿m³；林地面积相对较小，为495.95km²，占公园总面积的0.26%；雪山、冰川近2400km²，冰川资源蕴藏量达2000亿m³④；兽类有20科85种、鸟类有41科237种、两栖类有13科48种。此外，这里也具有丰富的人

---

① 久毛措，尕藏措. 我国三江源国家公园研究现状、热点与趋势：基于Bibliometrix的可视化分析. 生态经济，2023，39（10）：221-229.

② 发展改革委关于印发三江源国家公园总体规划通知. （2018-01-17）. http://www.gov.cn/xinwen/2018-01/17/content_5257568.htm.

③ 三江源国家公园知识问答：自然资源篇. （2022-02-09）. https://m.thepaper.cn/baijiahao_16630458.

④ 三江源国家公园：青藏高原的自然样本. （2022-08-14）. https://www.forestry.gov.cn/main/5462/20200814/164429542735545.html.

文之美，汉族、藏族、蒙古族、回族等民族文化交融。

图 8-1　三江源国家公园独特的自然景观①

① 人民画报. 万物之美和谐共生 | 这里是中国的国家公园.（2023-08-18）. https://www.forestry. gov. cn/c/www/xwdt/517986. jhtml.

三江源国家公园建立的主要里程碑事件包括（图 8-2）：2015 年 12 月，中央全面深化改革领导小组第十九次会议审议通过青海省上报的《三江源国家公园体制试点方案》（以下简称《试点方案》）。2016 年 3 月，中国共产党中央委员会办公厅、中华人民共和国国务院办公厅印发《试点方案》，拉开了我国国家公园实践探索的序幕。2016 年 9 月，中央机构编制委员会办公室正式批复设立三江源国家公园管理局，为省政府派出、规格为正厅级的机构。2017 年 8 月，由青海省人民代表大会常务委员会通过并颁布的《三江源国家公园条例（试行）》（以下简称《条例》）开始实施，为三江源国家公园的建设提供法治保障。2021 年 10 月 12 日，在《生物多样性公约》第十五次缔约方大会领导人峰会上，国家主席习近平宣布我国正式设立三江源国家公园、大熊猫国家公园、东北虎豹国家公园、海南热带雨林国家公园、武夷山国家公园等第一批国家公园。

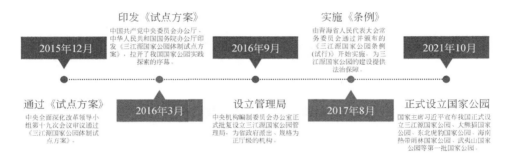

图 8-2　三江源国家公园建立的主要里程碑事件①

8.2　管理体制与运行机制

8.2.1　管理体系

2016 年 4 月，三江源国家公园体制试点启动。经过近八年的探索，三江源国家公园通过优化管理体制、创新保护机制，组建省（省级国家公园管理局）、州（3 个园区管委会）、县（3 个派出管理处）、乡（12 个乡镇保护管理站）、村（村级管护队和管护小队）全覆盖的五级综合管理实体，形成了以管理局为龙

---

① 青海日报．三江源国家公园大事记．（2021-10-13）. http://www.qinghai.gov.cn/zwgk/system/2021/10/13/010394571.shtml.

头、管委会为支撑、保护站为基点、辐射到村的新型管理体制①。青海省从省内现有编制中调整划转354个，组建了三江源国家公园管理局和3个园区管委会，集中统一承担起原来分散在各个部门的生态保护管理职责②。

三江源国家公园根据工作需要设立直属机构，创新直属机构工作机制，充分利用省内外科研和智库资源，为三江源国家公园建设和管理提供有力支撑。三江源国家公园管理局统一行使三江源国家公园范围内国有自然资源资产所有者职责。管理局内设12个职能处室，履行自然资源管理、生态保护、执法监督、规划建设、宣教培训、综合管理等职能（图8-3）③。

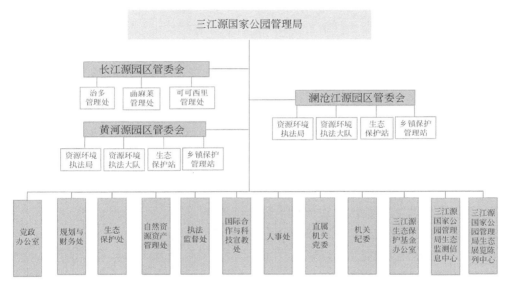

图8-3 三江源国家公园管理局组织机构图

三江源国家公园管理局各处室的职责如下④⑤：

（1）党政办公室。挂政策法规处牌子，主要职责：负责政务、重要活动等

---

① 青海日报. 三江源头打造国家公园典范.（2021-10-25）. http://www.sepf.org.cn/article/tiyan/21588.html.

② 三江源国家公园：下好体制机制创新"先手棋".（2017-06-01）. http://rif.caf.ac.cn/info/1274/2142.htm.

③ 发展改革委关于印发三江源国家公园总体规划的通知.（2018-01-17）. http://www.gov.cn/xinwen/2018-01/17/content_5257568.htm.

④ 三江源国家公园管理局. 三江源国家公园管理局.（2020-10-30）. http://www.qinghai.gov.cn/xxgk/xxgk/fd/jg/jgzn/pcjg/201902/t20190212_32916.html.

⑤ 中国国家公园. 机构设置. http://sjy.qinghai.gov.cn/govgk/jgsz/.

的组织协调工作；承担机关事务工作；负责发文审核、印制管理工作；承担机关信息化工作；负责人大建议、政协提案汇总反馈工作；承担重要文件的合法性审查工作、权力清单和责任清单编制以及动态调整工作。

（2）规划与财务处。挂特许经营管理处牌子，主要职责：拟订园区内项目资金的规划和计划并负责监督实施；组织、指导各类补偿（管护）工作；编制部门预算，提出专项转移支付等资金的预算建议，并负责批准后的监督管理；管理特许经营工作；负责财务与内部审计；负责处内相关工作的管理信息统计工作。

（3）生态保护处。挂生态环境评价处牌子，主要职责：拟订园区内生态保护政策、规章、标准草案并负责指导实施；负责各园区生态保护建设工程项目的审核、验收、绩效评价、生态状况评价和野生动物疫源疫病防控工作；负责生态公益管护岗位管理工作，指导、监督相关的生态保护和巡护、监测工作；负责社区共建共管等工作。

（4）自然资源资产管理处。主要职责：拟订自然资源资产管理、保护相关的规划和计划、有偿使用制度、生态补偿制度等并负责监督实施；履行园区内自然资源资产有效保护职责；组织开展本底调查并划清自然资源资产边界；负责自然资源资产目录清单、台账和动态更新机制及定期评估等工作。

（5）执法监督处。主要职责：依法履行相关执法职责，组织指导开展综合执法检查，负责查处园区内重大自然资源和林草违法案件；协调开展三江源国家级自然保护区内园区外资源环境综合行政执法工作。

（6）国际合作与科技宣教处。主要职责：拟订园区内科教宣传、国际合作规划和计划并负责组织实施；组织开展生态管护员培训工作；指导生态保护科学研究和技术推广体系建设、生态保护标准化和生物种质资源、林业转基因生物安全监督工作等；组织、指导国外先进技术及智力引进工作；组织开展国际合作与交流；承办相关的重要国际活动及履约工作；执行有关国际协定、协议和议定书工作等。

（7）人事处。主要职责：承担编制工作；负责干部职工的编制、人事、管理、培训档案等工作。

（8）直属机关党委。主要职责：负责机关党的意识形态工作、精神文明建设、民族团结进步创建和统战工作；领导机关工青妇工作等。

（9）机关纪委。主要职责：负责机关和所属单位纪检工作，配合省纪委监委派驻纪检监察组开展相关工作等。

（10）三江源生态保护基金办公室。主要职责：承担三江源生态保护基金的募集和管理工作；组织开展与三江源生态保护相关的宣传教育、学术交流、国际合作等活动；监督三江源生态保护基金资助项目的实施。

（11）三江源国家公园管理局生态监测信息中心。主要职责：承担局信息系统和网站建设运维保障工作；承担生态信息的归集整理、舆情监测工作；承担生态大数据与电子政务工作。

（12）三江源国家公园管理局生态展览陈列中心。承保护宣传教工作；承担展陈及其系统运维工作；组织生态保护和建设相关交流活动。

除了设立省级的国家公园管理局，三江源国家公园还积极采取多种措施，与相关各方建立了合作协调机制。主要包括：

（1）建立由国家林业和草原局（国家公园管理局）负责同志和青海省、西藏自治区政府负责同志为召集人的局省联席会议机制，下设协调推进组，明确局省（区）各方责任，形成齐抓共管的工作合力。

（2）与青海省高级人民法院、青海省人民检察院建立生态保护司法合作机制。先后设立玉树市人民法院三江源生态法庭、三江源地区人民检察院、三江源生态公益司法保护中心、治多县人民检察院驻长江源（可可西里）园区国家公园治多管理处公益诉讼检察联络站等机构，为共同解决三江源国家公园及其周边区域生态公益司法保护问题提供新途径[1]。

（3）青海省对三个园区所涉四县同步进行大部制改革，园区管委会统一负责生态保护管理，县政府负责区域发展和社会管理各项职责[2]。主要改革举措包括：①整合县政府所属国土、环保、林业、水利等部门相关职责，组建生态环境和自然资源管理局。②整合县政府所属的森林公安、国土执法、环境执法、草原监理、渔政执法等执法机构，组建园区管委会资源环境执法局。③整合林业站、草原工作站、水土保持站、湿地保护站等涉及自然资源和生态保护单位，设立县级生态保护站。

8.2.2 法律与规划体系

三江源国家公园不断从政策、立法、规划等多方面创新国家公园管理的制度体系，构建了 1+N 政策制度体系（图 8-4）。具体举措包括：①以 2017 年颁布施行的我国首部国家公园地方性法规《三江源国家公园条例（试行）》为基础，印发了 13 个管理办法，建立健全三江源国家公园法律法规体系，内容涵盖生态管

---

① 李光明. 三江源国家公园探索"条例+法律"联合执法模式筑牢长江源头重要生态屏障. (2022-07-26). http://fazhi.yunnan.cn/system/2022/07/26/032202674.shtml.

② 三江源国家公园：下好体制机制创新"先手棋". (2017-06-01). http://rif.caf.ac.cn/info/1274/2142.htm.

护公益岗位、科研科普、访客管理、特许经营、社会捐赠、野生动物伤害补偿、功能分区管控、草原承包经营权流转等方面①；②以 2018 年正式发布的我国首个国家公园规划《三江源国家公园总体规划》（2023 年 8 月发布更新后的总体规划）为引领，编制完成 5 个专项规划，内容涵盖生态保护、产业发展与特许经营、社区发展与基础设施、环境教育等；③编制三江源国家公园技术标准体系，建立健全三江源国家公园标准规范体系。

图 8-4　三江源国家公园法律与规划体系

8.2.2.1　1+13 规章体系

（1）《三江源国家公园条例（试行）》②。《三江源国家公园条例（试行）》自 2017 年 8 月 1 日起施行，分为总则、管理体制、规划建设、资源保护、利用管理、社会参与、法律责任、附则共八章七十七条，对三江源国家公园保护、建设、管理活动等作了明确规定。主要内容包括：①明确三江源国家公园实行集中统一垂直管理，建立以三江源国家公园管理局为主体、管委会为支撑、保护管理站为基点、辐射到村的管理体系；②规定三江源国家公园所在地州、县、乡镇人民政府履行各自的职责和任务；③确定三江源国家公园主要保护对象；④规定禁止在三江源国家公园内进行的活动种类；⑤指出国家公园管理机构应当加强自然资源的系统保护和管理；⑥明确国家公园的利用管理原则；⑦提出社会参与和科研合作途径；⑧规定违反条例所承担的法律责任。

---

　①　严勇，刘雅君．以国家公园体制建设推进三江源长效化保护研究．柴达木开发研究，2020，（1）：16-19.

　②　三江源国家公园管理局．三江源国家公园条例（试行）．（2017-06-02）．http://sjy.qinghai.gov.cn/govgk/gknr/zcfg/16632.html.

（2）《三江源国家公园项目投资管理办法（试行）》①。该办法规范了三江源国家公园建设项目规划、前期审批、投资计划申报和下达及管理等方面的工作，适用于三江源国家公园各类建设项目可行性研究报告、初步设计、工程招投标（政府采购）、项目实施四个阶段的全过程、全方位投资管理。

（3）《三江源国家公园社会捐赠管理办法（试行）》②。该办法的目的是鼓励捐赠，规范三江源国家公园社会捐赠行为的管理，确保捐赠人、受赠人和受益人的合法权益。同时，该办法规定了捐赠行为和捐赠财产的属性与合规性，明确捐赠财产的用途及其使用和管理原则。

（4）《三江源国家公园志愿者管理办法（试行）》③。该办法明确了志愿者的概念及其可以参与的工作类型，规定了志愿者的权利和义务，确定了志愿者的申请条件、审核招募程序、组织管理方式。

（5）《三江源国家公园国际合作交流管理办法（试行）》④。该办法明确了参与国家公园国际合作交流的相关机构的责任，提出了国际合作交流的形式与内容，规定了开展国际合作交流的流程与原则。

（6）《三江源国家公园科研科普活动管理办法（试行）》⑤。该办法确定了科研科普活动的类型，规定了申请与备案的条件和流程，确定了科研科普活动需要遵循的准则及监督与管理方式。

（7）《境外非政府组织在三江源国家公园开展相关活动的管理规范》⑥。该办法规范了境外非政府组织在三江源国家公园开展相关活动需要满足的条件和开展相关活动的业务流程。

（8）《三江源国家公园环境教育管理办法（试行）》⑦。该办法明确了三江源国家公园管理局开展环境教育的组织管理形式，规范了环境教育的内容和形式，

---

① 三江源国家公园管理局. 三江源国家公园项目投资管理办法（试行）.（2017-10-19）. http://sjy. qinghai. gov. cn/govgk/gknr/zcfg/16659. html.

② 三江源国家公园管理局. 三江源国家公园社会捐赠管理办法（试行）.（2017-10-20）. http://sjy. qinghai. gov. cn/govgk/gknr/zcfg/16646. html.

③ 三江源国家公园管理局. 三江源国家公园志愿者管理办法（试行）.（2017-10-20）. http://sjy. qinghai. gov. cn/govgk/gknr/zcfg/16647. html.

④ 三江源国家公园管理局. 三江源国家公园国际合作交流管理办法（试行）.（2017-10-20）. http://sjy. qinghai. gov. cn/govgk/gknr/zcfg/16648. html.

⑤ 三江源国家公园管理局. 三江源国家公园科研科普活动管理办法（试行）.（2017-10-20）. http://sjy. qinghai. gov. cn/govgk/gknr/zcfg/16649. html.

⑥ 三江源国家公园管理局. 三江源国家公园管理局关于印发《境外非政府组织在三江源国家公园开展相关活动的管理规范》的通知.（2022-06-20）. http://sjy. qinghai. gov. cn/govgk/gknr/zcfg/24961. html.

⑦ 三江源国家公园管理局. 三江源国家公园环境教育管理办法（试行）.（2019-11-28）. http://sjy. qinghai. gov. cn/govgk/gknr/zcfg/16805. html.

确定了环境教育工作的监督保障机制。

（9）《三江源国家公园经营性项目特许经营管理办法（试行）》①。该办法明确了特许经营协议订立的流程、实施方案的内容、特许经营者需满足的条件，提出了特许经营协议履行时需注意的各种事项，规定了特许经营活动的监督管理和公共利益保障机制，以及争议解决和责任约定相关的问题。

（10）《三江源国家公园生态管护员公益岗位管理办法（试行）》②。该办法逐条详细规定了生态管护员的主要职责、聘用程序、管理机构、管护机制，以及生态管护员的报酬和绩效考核机制。

（11）《三江源国家公园访客管理办法（试行）》③。该办法建立了访客进入三江源国家公园的预约和准入制度，设定了访客管理和监督机制，规定了访客进入三江源国家公园后的权利和义务。

（12）《三江源国家公园管理局预算管理办法（试行）》④。该办法规范了三江源国家公园预算编制、执行，资金拨付、管理、使用，决算和绩效管理等事项。

（13）《三江源国家公园草原生态保护补助奖励政策实施方案》⑤。该方案提出了草原生态保护补助奖励政策的基本原则和总体目标与年度目标，确定了奖补政策的实施范围及对象，明确了政策实施的内容，提出了配套措施和组织实施方式。

8.2.2.2　1+5 规划体系

（1）《三江源国家公园总体规划》⑥。该规划介绍了三江源国家公园的基本情况，明确了总体要求、功能定位和管理目标，规定了体制机制创新、生态系统保护、配套支撑体系的相关举措，提出了环境影响评价和效益评估以及实施保障的方案。基准年为 2021 年，规划期为 2018～2025 年。

---

① 三江源国家公园管理局. 三江源国家公园经营性项目特许经营管理办法（试行）.（2017-10-20）. http://sjy. qinghai. gov. cn/govgk/gknr/zcfg/16668. html.

② 三江源国家公园管理局. 三江源国家公园生态管护员公益岗位管理办法（试行）.（2017-10-20）. http://sjy. qinghai. gov. cn/govgk/gknr/zcfg/16667. html.

③ 三江源国家公园管理局. 三江源国家公园访客管理办法（试行）.（2017-10-20）. http://sjy. qinghai. gov. cn/govgk/gknr/zcfg/16666. html.

④ 三江源国家公园管理局. 三江源国家公园管理局预算管理办法（试行）.（2017-10-20）. http://sjy. qinghai. gov. cn/govgk/gknr/zcfg/16665. html.

⑤ 三江源国家公园管理局. 三江源国家公园草原生态保护补助奖励政策实施方案.（2017-10-20）. http://sjy. qinghai. gov. cn/govgk/gknr/zcfg/16661. html.

⑥ 三江源国家公园管理局. 三江源国家公园总体规划.（2018-03-08）. http://sjy. qinghai. gov. cn/govgk/gknr/ghjh/16190. html.

（2）《三江源国家公园生态保护专项规划》。该规划对生态系统保护与修复、监测指标体系、监测能力建设、建立评估体系等方面，做了详细规划设计。

（3）《三江源国家公园社区发展和基础设施建设专项规划》①。该规划提出建立和国家公园相适应的新型社区发展模式，建成完善的基础设施体系，相关工程项目投资估算约 78 亿元人民币。

（4）《三江源国家公园产业发展和特许经营专项规划》②。该规划以进一步减少对自然资源的直接利用、促进民生改善为总目标，制定园区产业发展正面清单及其培育、扶持、鼓励政策，确定特许经营清单和管理措施。

（5）《三江源国家公园生态体验和环境教育专项规划》③。该规划列出了特许经营项目清单和产业准入正面清单，明确了特许经营产业发展布局及未来发展方向和保障措施。

（6）《三江源国家公园管理规划（征求意见稿)》④。该规划评估了当前的管理现状，规定了最严格的生态系统管理、支撑公园的活动管理、保障公园运行的管理、资金管理、保障措施等方面的管理内容。

8.2.2.3　1+6 标准体系

（1）《三江源国家公园管理规范和技术标准指南》⑤。《三江源国家公园规范和技术指南》明确了当前国家公园建设管理工作的名词定义、执行标准和参照标准。其共引用 94 项规范标准，初步定义了与三江源国家公园相关的名词解释。

（2）《三江源国家公园标准体系导则》（DB63/T 1629—2018）⑥。《三江源国家公园标准体系导则》（DB63/T 1629—2018）提出了三江源国家公园标准体系建设内容、编制规范和技术要求，搭建标准体系框架和规范。

（3）《三江源国家公园形象标志》（DB63/T 1628—2018）⑦。《三江源国家公

---

① 三江源国家公园. 三江源国家公园 5 个专项规划正式印发呵护地球"第三极". (2020-11-26). https://mp. weixin. qq. com/s/mleGSFKWqtqKGhA8emxy6Q.

② 看，国家公园的全新打开方式.（2021-08-07）. https://baijiahao. baidu. com/s? id=1707390662035124412&wfr=spider&for=pc.

③ 刘伯恩，宋猛. 碳汇生态产品基本构架及其价值实现. 中国国土资源经济，2022，35（4）：4-11.

④ 三江源国家公园管理规划（征求意见稿）. https://max. book118. com/html/2021/1104/7131106106004034. shtm.

⑤ 《三江源国家公园管理规范和技术标准指南》印发执行.（2017-12-27）. http://news. cnr. cn/native/city/20171227/t20171227_524078690. shtml.

⑥ 三江源国家公园标准体系导则（DB63/T 1629—2018）.（2018-03-22）. https://www. docin. com/p-2267866136. html.

⑦ 三江源国家公园形象标志（DB63/T 1628—2018）.（2018-03-22）. http://max. book118. com/html/2021/0114/7160163160003042. shtm.

园形象标志》（DB63/T 1628—2018）规定了三江源国家公园形象标志组成及其制图和组合的技术要求。

（4）三江源国家公园形象标识识别系统（即《三江源国家公园 VIS 品牌识别系统手册》）[①]。三江源国家公园形象标识识别系统在内容上共分七大类，包括三江源国家公园视觉核心系统、行政办公应用系统、礼仪视觉系统、环境导视系统、服装形象系统、交通工具系统、新媒体视觉系统。

（5）《三江源国家公园生态管护规范》（DB63/T 1888—2021）[②]。该项规范是 2021 年 5 月 10 日实施的一项中华人民共和国青海省地方标准，归口于三江源国家公园管理局。文件规定了三江源国家公园开展生态管护的机构和职责、人员管理、巡护线路设置、巡护、数据管理等方面的要求。该标准适用于青海省三江源国家公园园区内的生态管护。

（6）《三江源国家公园生态圈栏建设规范》（DB63/T 1889—2021）[③]。2021年 5 月 10 日实施的一项中华人民共和国青海省地方标准，归口于三江源国家公园管理局。文件规定了三江源国家公园范围内生态圈栏的总体要求、设计和材料要求、功能和建设要求。该标准适用于青海省三江源国家公园园区内生态圈栏的建设和管理。

（7）《三江源国家公园专用术语》（DB63/T1726—2018）[④]。该标准规定了三江源国家公园保护、管理、科研和宣教中常用的术语和定义，适用于三江源国家公园的保护、管理、科研和宣教有关活动。

8.2.3 经营运行管理

作为我国政策设计最为完善、规划最为系统的国家公园，三江源国家公园在特许经营体制探索和实践方面走在了国内的前列[⑤]。三江源国家公园涉及基础设施和公用事业的特许经营，将参照《基础设施和公用事业特许经营管理办法》

---

① 三江源国家公园发布品牌识别系统手册．（2018-08-29）．https：//www. sohu. com/a/250707044_114731.

② 三江源国家公园生态管护规范．（2021-05-10）．https：//www. renrendoc. com/paper/297763584. html.

③ 三江源国家公园生态圈栏建设规范．（2021-05-10）．https：//www. biaozhun99. com/p-141737. html.

④ 三江源国家公园专用术语．（2018-12-26）．https：//www. waitang. com/report/216969. html.

⑤ 国家公园 ABO 特许经营模式发展．（2022-06-07）．https：//www. baidu. com/link？url＝blI4SAq924_f8Qh592Hpx6h11Rpu9QBID8ITnGgJTzj9GqMxuyQJcdwFLvFxvh8Zt3- n4PLnKndBtk4akMTBxu2- qOQrB0I8hiQF-4L1HDIkz79s1sYuMYgveYQw_FMVndzxYvn1LtUin- V5MZDID9A _iwFB5lcwjQuAHozjFmnp_tQVrOlB1YNrYkHklZxB_otGkidc6AWKZumDgAvWchYOPfJOIOhUpjt2xWU_yFqVMmfbezcPofme0RvuouORDRDR5Vej0ClkwrmKMzlz2_&wd＝&eqid＝fc0352190049120f0000000363b14d71.

（2015 年第 25 号令）执行，鼓励和引导社会资本参与。

1）特许经营总体要求

根据《三江源国家公园经营性项目特许经营管理办法（试行）》，在三江源国家公园内从事经营性项目应符合以下四个要求①②：①优先保护生态环境；②兼顾民生改善和社区发展；③发挥社会资本、专业、技术和运营优势；④坚持草原承包经营基本制度，牧户草场承包经营权不变。

2）准入行业

三江源国家公园特许经营准入行业包括：藏药开发利用、有机畜产品及其加工产业、文化产业、支撑生态体验和环境教育服务业等领域营利性项目。此外，三江源国家公园园区内和支撑服务区的能源、交通运输、水利、环境保护、市政工程等基础设施和公用事业的特许经营参照国家及青海省有关规定执行。

3）特许经营项目

园内规定的特许经营范围包括草原承包权、国家公园品牌、经营性项目及非营利性社会事业活动③。其中，经营性项目包括有机养殖基地、畜产品加工、药材种植、药材加工、生态体验、生态体验服务设施运营、牧家乐等庭院经济和主题文化经营等；非营利性社会事业活动包括生态保护和治理、环境卫生整治、牧民及企业培训教育、智慧国家公园建设及运营等。

4）项目经营期限

特许经营项目经营期限需综合考虑项目特性与产生的效益，最长不超过 10 年。其中，服务类项目最长不超过 5 年。特许经营时间以《三江源国家公园经营性项目特许经营管理办法（试行）》约定为准。

8.2.4　资金保障与管理

（1）中央和省级投入资金。截至 2020 年底，三江源国家公园共落实中央和

---

① 国家公园 ABO 特许经营模式发展．（2022-06-07）．https://www.baidu.com/link? url = blI4SAq924_f8Qh592Hpx6h11Rpu9QBID8ITnGgJTzj9GqMxuyQJcdwFLvFxvh8Zt3- n4PLnKndBtk4akMTBxu2- qOQrB0I8hiQF-4L1HDIkz79s1sYuMYgveYQw_FMVndzxYvn1LtUin- V5MZDlD9A_iwFB5lcwjQuAHozjFmnp_tQVrOlB1YNrYkHkIZxB_otGkidc6AWKZumDgAvWchYOPfJOlOhUpjt2xWU_yFqVMmfbezcPofme0RvuouORDRDR5Vej0ClkwrmKMzlz2_&wd =&eqid = fc0352190049120f0000000363b14d71.

② 三江源国家公园管理局．三江源国家公园经营性项目特许经营管理办法（试行）．（2017-10-20）．http://www.sepf.org.cn/index.php/article/flfg/10697.html.

③ 国家公园里的特许经营．（2020-10-23）．https://www.baidu.com/link? url = gqX5ZwHDdP_NoGYoD99sxrZNqB58W- 811Vb2vccvoXiWNGLy63LCEAs2uTTcfKw3tLLH5vASzt3WWs4orsxG2_&wd =&eqid = 8a844a70003c50d20000000363b15ca1.

省级投入资金 47 亿元（人民币，下同），用于生态保护和建设、基础设施建设、科研监测、草原奖补、生态公益岗位补助等①。①2016 年三江源国家公园体制试点正式启动后，官方在 2017～2020 年斥资 74 619 万元，实施黑土滩综合治理等生态保护和建设项目。②三江源国家公园共实施门禁系统、保护监测、科普教育服务、森林公安派出所、巡护道路、大数据中心等基础设施建设项目 10 大类 101 项，投资 17.00 亿元。③三江源国家公园共设立 17 211 名生态管护员，每年为生态管护公益岗位补助资金 3.72 亿元②。

（2）社会捐赠资金。青海省人民政府和省国有资产投资管理公司发起成立具有独立法人资格的公募基金会——三江源生态保护基金会③。三江源生态保护基金会肩负着广募资金支持生态保护建设事业、助力国家公园示范省建设的使命。2020 年，该基金会在广募资金支持生态保护建设事业、宣传和保护"中华水塔"极地、助力国家公园建设、动员社会力量参与生态保护、实现国家公园共建共享等方面取得新突破，全年募集各类公益资金 541 万元，支出各类公益项目资金 1100 多万元④。

（3）特许经营收入。三江源国家公园特许经营项目现采取社区集体收益分配制度。全部收益中，45% 为接待家庭所得，45% 纳入社区基金用于社区公共事务，10% 用于区域的生态保护工作⑤。

（4）资金监管。财政部青海监管局通过"线上+线下"监管相结合的方式，在开展直达资金日常监管时，充分利用直达资金监控系统，实时跟踪监控三江源国家公园实施项目，发现问题及时通过《关注函》等形式与相关部门沟通，督促资金拨付和项目开展⑥。在此基础上，精准开展现场核查，通过适时开展现场抽审，对已发现但未整改的问题督促落实，确保规范收支行为、提高财务管理水平，保障预算资金安全，提高财政资金运行效率，灵活运用载体，增强预算监管的严肃性。

---

① 三江源国家公园：共治共建共享 生态红利持续释放．（2022-02-08）．https://mp. weixin. qq. com/s/5ddV9MoFKAvpi9Chh9OwDw.

② 三江源国家公园设立一周年"答卷"：草原生态系统逐步恢复珍稀动物频亮相．（2022-12-09）．https://mp. weixin. qq. com/s? __biz = MzU1MjI0MzgyNQ = = &mid = 2247251002&idx = 1&sn = 286b607e9f00b f32cf89cf4630aa6e85&chksm = fb87d5f4ccf05ce2dba3c6d64721eefe41c9a6ea963723170c4fb6ce3dd75980675b5571 457b&scene = 27.

③ 三江源生态保护基金会．基金会简介．http://www. sepf. org. cn/page/aboutus. html.

④ 2020 年三江源生态保护基金会募集公益金 541 万元．（2021-01-26）．http://m. stdaily. com/index/kejixinwen/2021/01/26/content_1074451. shtml.

⑤ 特许经营，昂赛试验．（2022-10-28）．http://sjy. qinghai. gov. cn/news/zh/25421. html.

⑥ 财政部青海监管局："四个加强"助力三江源国家公园正式设园．（2021-10-14）．http://qh. mof. gov. cn/gzdt/caizhengjiancha/202110/t20211014_3758318. htm.

8.2.5　生态保护修复

（1）本底调查现状。三江源国家公园的自然资源本底调查工作取得以下进展：①形成青海省自然资源统一确权登记试点数据库标准、青海省自然资源调查工作指南等成果，划清了各种自然资源边界①；②完成自然资源和野生动物资源的本底调查工作，建立资源本底数据平台，为三江源国有自然资源资产的严格保护、高效利用奠定了基础②；③精细绘制优势兽类与兽类的物种分布图；④完成自然资源确权登记③。

三江源国家公园拥有丰富的自然资源，这里集草地、湿地、森林、雪山、冰川、江河源头和野生动植物于一体。区域内草地面积广大，总面积为 13.25 万 km²④；湿地面积有 7.33 万 km²，大小湖泊水泽有 1.6 万个，河流湿地每年向下游供水 600 亿 m³；林地面积相对较小，为 495.95km²，占公园总面积的 0.26%；雪山、冰川近 2400km²，冰川资源蕴藏量达 2000 亿 m³⑤；兽类有 20 科 85 种、鸟类有 41 科 237 种、两栖类有 13 科 48 种。此外，这里也具有丰富的人文之美，汉族、藏族、蒙古族、回族等民族文化交融。

（2）生态监测体系。三江源国家公园着力打造智慧生态监测系统：①构建三江源国家公园星空地一体化生态监测数据平台⑥⑦，提升国家公园生态监测覆盖程度和多源异构数据融合能力；②构建生态大数据云平台和生态智慧平台，建立自然资源资产、生态管护、行政执法、生态价值评估展示与分析等管理系统⑧；③与"青海生态之窗"共享实时观测数据，观测点位扩建到 76 个⑨。

---

① 三江流经处绿意奔涌来：写在三江源国家公园正式设立一周年之际. https://baijiahao. baidu. com/ s? id = 1746423400444650681&wfr = spider&for = pc.

② 情系高原净土，守护山宗水源，今天一起走近三江源国家公园.（2022-06-13）. https:// m. thepaper. cn/baijiahao_18549428.

③ 青海省自然资源厅关于开展三江源国家公园自然资源确权登记的公告.（2023-10-18）. http:// www. qumalai. gov. cn/html/1067/622798. html.

④ 三江源国家公园知识问答：自然资源篇.（2022-02-09）. https://m. thepaper. cn/baijiahao_ 16630458.

⑤ 三江源国家公园：青藏高原的自然样本.（2020-08-14）. https://www. forestry. gov. cn/main/5462/ 20200814/164429542735545. html.

⑥ 三江源国家公园星空地一体化生态监测数据平台. http://sjynp. tpdc. ac. cn.

⑦ 三江源国家公园星空地一体化生态监测数据平台简介. http://sjynp. tpdc. ac. cn/zh-hans/about/.

⑧ 守护万物和美的乐土——三江源国家公园生态保护水平不断提升.（2023-11-11）. http:// www. qinghai. gov. cn/dmqh/system/2023/11/13/030029577. shtml.

⑨ 建好"生态之窗"守护"中华水塔".（2023-01-17）. http://qhslcj. isenlin. cn/coohome/coserver. aspx? uid = 8B7598EAFC9B4F6F8297B1B039A4010C&aid = 100B94DE1D71417284450FEEF08FDC6E3&t = 29.

（3）重点生态修复工程。①全面打造山水林田湖草沙冰一体化保护和系统治理体系，统筹生态监测体系、生态管护体系、保护修复工程各单元；②实施重点生态修复工程，投资近3.2亿元，开展黑土滩综合治理、退化草场改良、草原有害生物防控、沙化土地治理、人类活动遗迹修复、毒害草综合治理等项目，基本遏制了生态系统退化趋势[①]。

（4）生态保护修复成效。通过开展体系化、一体化的保护修复，区域内重要生态系统的原真性得到保护，水源涵养能力增强，草地植被盖度和产草量显著增加，草地野生动植物栖息地得到完整保护，生态安全屏障作用更加凸显[①]（文本框1[②]）。

三江源国家公园的生态修复治理措施与成效

体制试点以来累计投入67亿元，先后实施了一系列园区基础设施建设项目和生态保护修复项目。2022年又投资近3.2亿元，实施了一系列生态保护修复项目（https://mp. weixin. qq. com/s? __biz=MzU1MjI0MzgyNQ= =&mid=2247528802&idx=2&sn=45b7ad869d95ec8fdfbf7d8b9b41f3c5&chksm=faac565fb20fa6fabe8d312b01f406770227b5563d39da197bf1289e2a5424798ea1c25706b2&scene=27）。投资7.5亿多元用于生态修复类项目，实施黑土滩治理63万亩（1亩≈666.7m²）、黑土坡治理15万亩、退化草原改良195万亩、人工种草7.5万亩、沙漠化土地防治11万亩、湿地和雪山冰川保护35万亩、封山育林9万亩、草原有害生物防控535万亩、人类活动遗迹修复2万亩、毒害草综合治理12万亩。

国家发展和改革委员会生态成效阶段性综合评估报告显示，三江源区主要保护对象都得到了更好的保护和修复，生态环境质量得以提升。园区内水源涵养量年均增幅6%以上，草地覆盖率、产草量分别提高了11%、30%以上，野生动物种群明显增多，藏羚羊由以前不足2万只恢复到7万多只。同时，生态环境状况持续向好，每年向下游输送600多亿立方米的

[①] 最新数据：三江源国家公园面积超1000平方米的湖泊达167个. （2022-08-22）. https://m. gmw. cn/baijia/2022-08/22/35970130. html.

[②] 【新时代 新青海 新征程】三江源国家公园交出亮眼成绩单. （2023-12-23）. http://www. qinghai. gov. cn/zwgk/system/2023/12/23/030032951. shtml.

优质淡水，生态系统服务功能不断提升，生态安全屏障进一步筑牢（http://www.qinghai.gov.cn/zwgk/system/2023/12/23/030032951.shtml）。

（5）生态保护合作。加强生态保护合作，与三江流域省份建立协同三江源生态环境共建共享机制，与新疆、西藏、甘肃、云南等省建立国家公园生态系统保护区间合作机制①。

8.2.6　社会与公众参与

（1）生态管护。三江源国家公园将生态保护与社区共建结合起来，建立牧民群众生态保护业绩与收入挂钩机制②③。创新"户均一岗"生态管护公益岗位机制，17 211 名生态管护员持证上岗，户均年增收 2 万余元。生态管护员主要职责为日常巡护园区内的湿地、河源水源地、林地、草地、野生动物，开展法律法规和政策宣传，发现报告并制止破坏生态行为，监督执行禁牧和草畜平衡情况。

（2）生态体验活动。鼓励引导并扶持牧民以社区为单位从事国家公园生态体验、环境教育服务等工作，包括昂赛雪豹自然观察、昂赛大峡谷漂流生态体验等特许经营项目和玛多高端自然体验和环境教育活动④，使牧民获得稳定的收益⑤⑥。昂赛雪豹观察自然体验活动，发展 22 户牧户作为生态体验接待家庭，接待牧户、村集体与动物保护基金分别获得收益的45%、45%和10%⑦。黄河源园区扎陵湖、鄂陵湖生态体验和环境教育活动60%的收入由当地牧户受益⑧。

① 三江源国家公园试点任务全面完成.（2020-08-16）. http://www.qinghai.gov.cn/zwgk/system/2020/08/16/010364813.shtml.

② 三江源头打造国家公园典范.（2021-10-25）. http://www.sepf.org.cn/article/tiyan/21588.html.

③ 李光明. 三江源国家公园探索"条例+法律"联合执法模式筑牢长江源头重要生态屏障.（2022-07-26）. http://fazhi.yunnan.cn/system/2022/07/26/032202674.shtml.

④ 守护万物和美的乐土：三江源国家公园生态保护水平不断提升.（2023-11-14）. http://www.sepf.org.cn/article/tiyan/28682.html.

⑤ 三江之源万物生：来自三江源国家公园的改革实践.（2022-05-27）. https://www.ndrc.gov.cn/wsdwhfz/202205/t20220527_1325881.html

⑥ 三江源国家公园：共治共建共享 生态红利持续释放.（2022-02-08）. https://www.workercn.cn/c/2022-02-28/6954231.shtml.

⑦ 青海三江源：牧民变"导游"，开辟特许经营"试验田".（2023-08-04）. https://www.sohu.com/a/708863625_123753.

⑧ 三江之源万物生：来自三江源国家公园的改革实践.（2022-05-27）. https://www.ndrc.gov.cn/wsdwhfz/202205/t20220527_1325881.html

（3）自然教育。三江源国家公园联合相关机构在曲麻莱、隆宝湿地的小学开展自然教育系列课程和活动，同时结合环保组织和政府开展的环境保护培训，向当地的环保本土人士和寺庙传输环保理念传输①。社区牧户总体上对环境教育的参与意愿和热情较高，但普及率不高。

（4）合作经营。通过两种形式成立生态畜牧合作社，一种形式是政府成立企业并经营，社区牧户以草场和牛羊入社并且参加年底的收益分红；另一种形式是公私合营，即收购牧民的牛羊肉、酸奶等产品，由合作社进行销售②。三江源国家公园内已组建48个生态畜牧业专业合作社，其中入社户数为6245户。

（5）生态补偿。三江源国家公园二期生态补偿参与率达到97%以上①。目前的补偿标准属于保底性补偿，亟须建立激励性补偿的标准和机制。

（6）人兽冲突保险。人兽冲突保险是政府出面，牧户购买太平洋保险公司的保险，由保险公司理赔。

8.2.7　科研平台

（1）成立三江源国家公园研究院。中国科学院、青海省政府依托西北高原生物研究所共同建设中国科学院三江源国家公园研究院，实行"一个机构、两块牌子、一体化运行"③。该研究院旨在聚合与联合国内外科研力量，开展生物多样性保护、生物资源可持续利用等方面的研究，提升三江源地区生态文明建设力度和整体监测水平，同时促进民生和谐发展④。

（2）科研合作。三江源国家公园与中国航天科技集团、中国三大电信运营商等建立战略合作关系，加强与省直部门数据共享，建成三江源国家公园生态大数据中心和覆盖三江源地区重点生态区域"空天地一体化"监测网络体系⑤。同复旦大学签署了省校合作共建三江源国家公园人居健康研究院协议，积极配合第

---

① 李惠梅，王诗涵，李荣杰，等. 国家公园建设的社区参与现状：以三江源国家公园为例. 热带生物学报，2022，13（2）：185-194.

② 刘峥延，李忠，张庆杰. 三江源国家公园生态产品价值的实现与启示. 宏观经济管理，2019，（2）：68-72.

③ 中国科学院三江源国家公园研究院、中国科学院西北高原生物研究所简介.（2023-02-07）. http://www.nwipb.cas.cn/gkjj/.

④ 我国首个国家公园研究院成立.（2018-09-15）. https://www.baidu.com/link? url =- A4wbO_BAl4N6U7QaMociR9vc0yWGKScPAYIWCUBTgW4O6TRuREj-qLMv35Jo2KjwT59eyPjthJxHpCjcqUz-51kkRfuEQdsl BsLUjsGW8e&wd =&eqid = ea02efab0003bf890000000363f72f55.

⑤ 三江源国家公园体制试点公报暨青海这十年.（2022-10-12）. http://sjy.qinghai.gov.cn/news/gy/25351.html.

二次青藏高原综合科学考察工作，与水利部长江水利委员会、中国科学院、中国国际工程咨询有限公司、中国航天科技集团等开展合作①。

（3）人才培养。在青海大学开设国家公园管理方向专业学科，通过柔性引进创新团队和紧缺人才、聘用生态保护高级专业人才等方式，为三江源国家公园提供智力支持②。

（4）交流合作。加入中国"人与生物圈计划"国家委员会，成为全国第 175 个成员单位。加大与"一带一路"沿线主要国家公园沟通力度，与国际上发展较为成熟的若干国家公园正式签署合作交流协议，分享建设管理经验，共同推进生态文明建设。

8.3　监督与评估机制

国家公园体制试点区的评估主要分为两个阶段，第一阶段由承担试点的省级人民政府组织自评，并形成自评报告③。第二阶段，由第三方组成的评估验收组进行实地核查。实地核查的主要内容包括试点任务完成情况和试点区的建设情况，同时还要对试点区的自然禀赋情况作出评价。

8.4　经验与启示

从 2016 年开始设立国家公园试点以来，三江源国家公园全力推进各项工作，为推进以国家公园为主体的自然保护地体系建设发挥了有力引领作用④。三江源国家公园的生态系统功能持续恢复向好，并且采取多种措施逐渐使生态优势转化为发展优势，实现了人与自然的和谐共生。当前三江源国家公园管理面临一些问题：

（1）三江源国家公园社区牧户的生态保护认知性较高，环保意识也较强，

---

① 三江源国家公园体制试点公报暨青海这十年．（2022-10-12）．http://sjy. qinghai. gov. cn/news/gy/25351. html.

② 青海这五年最亮眼的生态名片：三江源国家公园．（2022-05-25）．http://sjy. qinghai. gov. cn/news/zh/24837. html.

③ 大熊猫等 10 个国家公园体制试点正在评估，正式名单年底将出．（2020-09-06）．https://baijiahao. baidu. com/s？id=1677052856276494210&wfr=spider&for=pc.

④【新时代 新青海 新征程】三江源国家公园交出亮眼成绩单．（2023-12-23）．http://www. qinghai. gov. cn/zwgk/system/2023/12/23/030032951. shtml.

但目前国家公园社区参与度有待提高①。主要问题：①参与机制方面过于倚重政府主导下的社区保护，较少注重社区的发展；②操作层面上不敢放权于基层社区和牧民，轻视了非政府组织的桥梁作用，没有利用好民间组织的助推力。建议将社区参与当成手段，通过各当地的牧民授权和合作，实现社区的真正参与，完成政府主导模式向居民模式的参与治理转变。

（2）三江源国家公园园区居民形成了多样化的生计收入模式，但可持续生活构建依然面临诸多困境，亟待建立园区居民适应国家公园环境和发展的生活可持续路径②。主要问题：①受地理区位、自然资源禀赋与人力资源匮乏的制约，所涉及的四个县域社会经济脆弱，产业结构单一，剩余劳动力无法有序转移；②区域内野生动物肇事案件时有发生，人兽冲突与野生动物肇事补偿机制成效不明显。未来需要完善肇事补偿机制，推进生态畜牧业合作社转型创新发展，拓宽就业渠道，以完善国家公园内生态保护和民生改善的共赢之路。

---

① 李惠梅，王诗涵，李荣杰，等. 国家公园建设的社区参与现状：以三江源国家公园为例. 热带生物学报，2022，12（2）：185-194.

② 周先吉，李臣玲. 三江源国家公园园区居民可持续生活构建研究. 青海民族研究，2023，34（1）：101-107.

第 9 章 | 大熊猫国家公园

大熊猫国家公园跨四川省、陕西省、甘肃省三省，总面积为 27 134km²，包括岷山片区、邛崃山–大相岭片区、白水江片区以及秦岭片区。建立大熊猫国家公园是中国生态文明制度建设的重要内容，旨在保护大熊猫及其栖息地，促进生物多样性保护和生态系统的完整。

大熊猫国家公园管理局成立于 2018 年，并于 2021 年被列入第一批国家公园名单。通过实施监测和保护工作，我们取得了突破性成就，包括建立大量野生动物监测点和红外相机监测，记录到了大量野生大熊猫的行踪等。大熊猫国家公园还设有大量动植物监测样线和监测点，为生态保护提供了基础数据。

在过去几年，四川省、陕西省和甘肃省三省始终把国家公园建设作为重大政治任务，制定出台了配套政策措施，及时完成规划编制，加大项目建设资金支持，狠抓科普宣传、教育引导等工作，取得了阶段性成效，并在自然资源本底调查、建设项目资金监管、宣传引导、生态系统保护与修复、基础设施和监测感知系统建设等多个方面取得了诸多成就，全面保障了大熊猫国家公园建设工作的快速推进，为大熊猫及多种生物搭建了绿色家园。

大熊猫国家公园的建立标志着中国大熊猫保护进入了一个新阶段，即从"简单保护"向"研究性保护"转变，注重保护和研究大熊猫及其所依赖的自然生态系统。这不仅是我国在大熊猫保护方面的重大举措，也展示了我国在生态文明建设方面的国际贡献。未来，大熊猫国家公园将以崭新的面貌呈现在全世界面前，继续发挥重要的保护和科研作用。

9.1　国家公园概况

9.1.1　区域位置及面积

根据《大熊猫国家公园体制试点方案》，该国家公园涵盖四川省、陕西省和甘肃省三个省的岷山片区、邛崃山–大相岭片区、秦岭片区和白水江片区，总面积为 27 134km²。其中，四川省面积最大，占 74.36%，涉及 7 个市（州）和 20

个县（市、区）。陕西省面积占16.16%，涉及4个市和8个县（市、区）。甘肃省面积占9.48%，涉及1个市和2个县（区）。该方案由中国共产党中共委员会办公厅和中华人民共和国国务院办公厅印发，旨在推进大熊猫及其栖息地的保护和合理利用，涉及三个省的12个市（州）和30个县（市、区）。

9.1.2 地形地貌及气候水文特征

大熊猫国家公园位于秦岭、岷山、邛崃山和大小相岭山系，地形复杂，山势陡峭，河谷深切，海拔介于1500～3000m。该地区存在多条断裂带，龙门山–岷山断裂带最为显著，引发地质灾害。受东亚季风影响，该地区气候由东南向西北逐渐变化，年平均气温介于12～16℃，降水量约为500～1200mm，降水季节分配不均。此外，该地区水系发达，涉及长江流域和黄河流域的河流，水能资源丰富。

9.1.3 资源禀赋

1）自然资源

根据森林资源调查数据，大熊猫国家公园内森林面积为19 556km²，其中乔木林占19 211km²，竹林占75km²，森林覆盖率为72.07%。海拔1700～2200m为常绿落叶阔叶混交林，2400～3600m为亚高山常绿针阔叶混交林。邛崃山和大小相岭海拔1300～2200m为山地常绿、落叶阔叶混交林，2200～2500m为针阔叶混交林，2500～3200m为高山针叶林，3200m以上为高山灌丛。秦岭海拔500～1100m为栓皮栎+苦槠林、橿子栎+鹅耳枥林、青冈+铜钱树林，1100～1800m为麻栎林、栓皮栎林、枹栎林，2600～2800m为油松林、华山松林、云杉林、冷杉林，以及高山杜鹃和箭竹灌丛。

2）野生动物资源

大熊猫国家公园位于我国动物地理区划的东洋界西南区，共有641种脊椎动物，包括兽类、鸟类、两栖和爬行类动物以及鱼类。其中，国家重点保护野生动物有116种，包括大熊猫、川金丝猴、云豹、雪豹等22种一级重点保护野生动物和94种二级重点保护野生动物。大熊猫国家公园内有3446种种子植物。其中，国家重点保护野生植物有35种，包括红豆杉、南方红豆杉、独叶草等一级重点保护野生植物和31种二级重点保护野生植物。

9.1.4　大熊猫野生种群

大熊猫分布于秦岭、岷山、邛崃山、大小相岭和凉山山系。最新调查显示，全国野生大熊猫种群数量为 1864 只，占据 25 766km² 的栖息地。大熊猫国家公园内有 1631 只野生大熊猫，占全国总数的 87.50%。国家公园栖息地面积为 18 056km²，被自然地形、植被、竹子分布、居民点、耕地和交通道路等隔离成 33 个斑块。在这些斑块中，有 18 个斑块形成了 33 个局域种群。其中，6 个种群数量超过 100 只，2 个种群数量在 30 ~ 100 只，还有 10 个种群数量少于 30 只。两个局域种群位于大相岭中部和岷山南部。由于种群密度低和汶川地震的影响，大熊猫的保护形势仍不容乐观。

9.1.5　保护历程及现状

1962 年，我国将大熊猫列为禁猎动物，1988 年通过《中华人民共和国野生动物保护法》将其确定为国家一级重点保护野生动物。早在 20 世纪 60 年代就设立卧龙、王朗等 5 个自然保护区用于大熊猫保护。大熊猫国家公园内有 77 个自然保护地，包括 21 个国家级自然保护区和 11 个国家级森林公园，总面积为 21 347km²，占公园总面积的 78.67%。然而，这些自然保护地并未完全覆盖所有自然遗产地和风景名胜区。

（1）四川省的相关部门在 2014 年 10 月 11 日率先探索建设中国大熊猫国家公园。

（2）四川省于 2016 年 5 月 30 日发布了生态文明建设和环境保护工作情况报告，其中包括探索建立大熊猫国家公园的计划。

（3）2016 年 6 月中旬，四川省、陕西省、甘肃省分别通报了大熊猫国家公园体制试点方案编制工作的进展，并就国家公园体制试点总体方案编制工作中的相关问题进行了讨论，达成了共识。

（4）2017 年 4 月，印发了《大熊猫国家公园体制试点方案》，并计划在 2017 年争取取得初步成效，在 2020 年前根据《建立国家公园体制总体方案》和试点进展情况研究正式设立大熊猫国家公园。

（5）2017 年 9 月 26 日，印发了《建立国家公园体制总体方案》。

（6）2018 年 2 月 7 日，《大熊猫国家公园白水江片区总体规划》通过评审。

（7）截至 2020 年 6 月 5 日，大熊猫国家公园共设有近 1800 条动植物监测样线和 4839 个野生动物监测点，仅 2020 年上半年就进行了 873 次野生大熊猫的独立探测。

（8）2021 年 10 月，大熊猫国家公园入选了第一批国家公园名单。

（9）2021 年 10 月 12 日，在《生物多样性公约》缔约方大会第十五次会议上宣布正式设立大熊猫国家公园的消息。

（10）2022 年 10 月 12 日，成都市举行了大熊猫国家公园设立一周年四川片区建设情况通报会。

9.2 管理体制与运行机制

9.2.1 管理体系

2018 年 10 月 29 日，四川省成都市举行大熊猫国家公园管理局揭牌仪式，标志着大熊猫国家公园体制试点进入全面推进阶段。

9.2.1.1 管理机构设置及职责

按照《建立国家公园体制总体方案》，大熊猫国家公园试点期间建立了四级管理机构体系，包括管理局、省级管理局、管理分局和保护站（图 9-1）。这一体系以国有自然资源资产管理体制改革为核心，实现了统一管理和高效运行，为大熊猫国家公园保护提供了有力支持。同时，试点期间还整合了所在地资源环境执法机构，组建了综合执法队伍，以保护公园的资源环境和生态系统完整性。

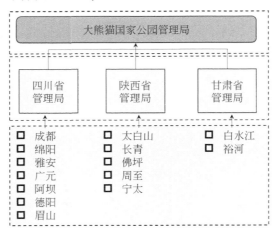

图 9-1　大熊猫国家公园主要管理组织机构

1）大熊猫国家公园管理局

根据国家林业和草原局规定，大熊猫国家公园实施了"三定"规定，依托国家林业和草原局驻成都森林资源监督专员办事处，成立了大熊猫国家公园管理局。该管理局负责以下职责：统一制定公园规划、生态保护政策和标准；协助自然资源部进行土地确权登记；组织中央投资预算和资金安排；初步审批重大项目；指导和监督试点工作；协调解决跨省重大问题。

2）大熊猫国家公园省级管理局

根据规定，四川省、陕西省、甘肃省设立了"大熊猫国家公园四川省管理局""大熊猫国家公园陕西省管理局"和"大熊猫国家公园甘肃省管理局"，与省林草部门合署办公。省级管理局实行双重领导，由国家林业和草原局、省人民政府共同领导，任免主要负责人需征求国家林业和草原局意见。大熊猫国家公园省级及分支管理机构的职责包括：实施生态保护修复，保护和修复本省区域的生态环境；推动公园的可持续经营和发展，组织特许经营和社会参与；负责项目审批，确保合规进行；执法维护资源合法利用和环境保护；协调地方政府，推动生产设施退出和生态移民搬迁。这些措施将确保大熊猫国家公园的协调运作，有效实施生态保护和可持续发展，为大熊猫及其栖息地保护作出贡献。与国家林业和草原局的合作将为大熊猫国家公园建设和管理提供支持。

3）大熊猫国家公园管理分局及保护站

根据自然和行政区域原则，设立大熊猫国家公园管理分局，整合现有保护地管理机构。分局职责由国家公园管理局和省级管理局确定。下属保护站和管护点，依托现有机构，执行保护任务，确保野生动植物得到有效保护。

9.2.1.2 运行机制

国家公园的自然资源归中央所有，管理机构负责整合规划、保护和管理，不调整行政区划。他们承担自然资源管理和国土管制职责，实行更严格的保护。国家林业和草原局与三省建立协调机制，共同管理该国家公园。管理机构编制行政权力清单，通过合同规范经营行为。管理机构负责生态保护、资源管理、经营、科研、社会参与和宣传等职责，协调与地方关系。地方政府负责协调发展、公共服务和市场监管。管理机构与地方政府协作，建立良好互动关系，推动生态环境保护和美丽新家园建设。

9.2.2　法律与规划体系

9.2.2.1　立法现状①

目前，国家公园法和自然保护地法尚未制定，也没有明确授权国家公园管理机构管理权和执法权。为了避免大熊猫国家公园出现管理和执法的"真空"状态，根据党中央和国务院对大熊猫国家公园工作的要求，四川、陕西和甘肃可以制定地方性法规和地方政府规章。

总体而言，现有的大熊猫国家公园的法规和政策主要包括《大熊猫国家公园体制试点方案》《大熊猫国家公园体制试点实施方案（2017—2020年)》《四川省大熊猫国家公园管理条例》《大熊猫国家公园野外巡护管理办法（试行)》《大熊猫国家公园确界定标管理办法（试行)》和《大熊猫国家公园（秦岭）原生态产品认定办法（试行)》等法规文件。

9.2.2.2　司法保护现状

大熊猫国家公园建设进程的不断推进，对当地居民、企事业单位、水电和工矿企业、旅游经营机构的生产生活产生重大影响，同时也带来了新的司法需求。为促进法治建设和生态环境保护，大熊猫国家公园管理局与四川省高级人民法院、四川省人民检察院联合发布了《关于建立大熊猫国家公园生态环境资源司法保护协作机制的意见（试行)》，设立了专门的大熊猫国家公园法庭，加强了司法协助和行政执法与刑事司法的衔接。此外，四川省高级人民法院出台了《关于实行大熊猫国家公园四川片区环境资源案件集中管辖的意见（试行)》，以法律手段践行严格的法治环境保护理念。2020年7月5日，全国首个大熊猫国家公园法庭——"大熊猫国家公园卧龙法庭"宣布成立，标志着大熊猫国家公园建设司法保护工作迈入新阶段。随后，大熊猫国家公园生态法庭、眉山片区法庭、雅安片区法庭、德阳片区法庭等七个专门法庭相继成立并开始实质运作，为濒危物种和生物多样性保护提供有力的司法保障。2022年1月，成都铁路运输第二法院四川大熊猫国家公园生态法庭发布了全国首例跨行政区域生态环境侵权禁止令，成为首个国家公园生态环境侵权禁止令。大熊猫国家公园专门法庭通过实质性的司法实践开启了对大熊猫国家公园建设的严格司法保护新篇章。

---

① 王双艳. 大熊猫国家公园建设法治困境及完善路径：以大熊猫国家公园四川片区实践为切入点. (2022-09-16). https://www.yaancourt.gov.cn/html/ms/detail/c3109c60-412c-c4a0-c94b-1315d5b1.html.

9.2.2.3 规划体系

1)《大熊猫国家公园总体规划（征求意见稿）》

2020 年 6 月，国家公园管理局发布了《大熊猫国家公园总体规划（征求意见稿）》①。该规划旨在建设生物多样性保护示范区，实现自然生态系统良性循环，加强大熊猫野生种群及其伞护生物多样性保护。《大熊猫国家公园总体规划（征求意见稿）》中明确了 2035 年的建设目标，包括生态价值实现先行区域、完善生态保护补偿机制、建立绿色生态产业体系，以及打造世界生态教育展示样板区域。为了实现这些目标，建立了实际管理体系，包括大熊猫国家公园管理局、省管理局、管理分局和管护站。此外，该规划还提出完善科研监测、自然教育和生态体验体系，以展示大熊猫特色的绿色生态文化，推动人与自然的和谐共生。大熊猫国家公园建设在司法保护方面也取得了进展，成立了大熊猫国家公园法庭，以确保法律的实施和生态环境的保护。这一综合规划和司法保护工作为大熊猫国家公园的可持续发展奠定了基础，促进了生物多样性保护和绿色发展。

2)《大熊猫国家公园体制试点方案》

2017 年 1 月 31 日，中国共产党中央委员会办公厅和中华人民共和国国务院办公厅联合发布了《大熊猫国家公园体制试点方案》②。该方案明确了大熊猫国家公园的重点任务，包括强化以大熊猫为核心的生物多样性保护、创新生态保护管理体制、探索可持续的社区发展机制、构建生态保护运行机制以及开展生态体验和科普宣教。为确保实施方案的有效落实，该方案要求川陕甘三省要承担试点工作的主体责任，加强统筹规划，加快制定试点实施方案。同时，还要建立全面的法规制度，增强科技支撑，并构建监测评估和考核体系，以确保保障措施的有效执行。这些举措旨在推动大熊猫国家公园试点工作的顺利进行，并为生物多样性保护和可持续发展提供有力支持。

9.2.2.4 法律体系

1)《大熊猫国家公园管理办法（试行）》③

为加强大熊猫国家公园的管理，制定了《大熊猫国家公园管理办法（试

---

① 国家林业和草原局. 大熊猫国家公园总体规划（征求意见稿）.（2019-10-17）. https://www. forestry. gov. cn/html/main/main_4461/20191017111923948546698/file/20191017112033510119113. pdf.

② 川报观察. 大熊猫国家公园体制试点方案获批 涉及四川 7 市州.（2017-08-09）. https://www. sc. gov. cn/10462/12771/2017/8/9/10430252. shtml.

③ 陕西省林业局. 大熊猫国家公园管理办法（试行）.（2020-03-17）. http://lyj. shaanxi. gov. cn/zwxx/tzgg/202009/t20200915_2030419. html.

行)》，以符合相关法律法规和中央文件的要求。《大熊猫国家公园管理办法（试行)》明确了大熊猫国家公园的规划体系，包括总体规划、专项规划和建设方案。总体规划作为各项工作的准则，涵盖了自然资源管理、空间管制和生态保护修复等方面。通过有效执行《大熊猫国家公园管理办法（试行)》，将实现大熊猫国家公园的规范管理，遵循生态保护原则，有力地保护大熊猫及其栖息地的生态环境，推动生物多样性保护和可持续发展。

2)《大熊猫国家公园特许经营管理办法（试行)》①

根据《大熊猫国家公园特许经营管理办法（试行)》，核心保护区禁止新建生产生活设施，一般控制区严格控制新建，并须经大熊猫国家公园管理机构审查同意后依法审批。建设规模大小需进行环境和生态影响评价。此外，《大熊猫国家公园特许经营管理办法（试行)》建立了特许经营制度，包括准入审批、经营项目许可、特许经营合同签订以及收益监督与评价。大熊猫国家公园管理局是特许经营的授权主体，负责制定政策和监督管理工作。省级管理局和管理分局作为实施主体，负责特许经营项目的具体实施和日常监督管理。

3)《大熊猫国家公园自然资源管理办法（试行)》①

为加强大熊猫国家公园的自然资源管理，促进自然资源和生态环境质量的提升，实现自然资源的保值增值和可持续利用，根据《大熊猫国家公园体制试点方案》和相关法律法规，制定了该办法。《大熊猫国家公园自然资源管理办法（试行)》明确了自然资源的范围，包括大熊猫国家公园内山水林田湖草等生态系统中的自然环境因素，这些因素不仅在人类当前福祉方面具有使用价值，还可提高人类未来的福祉。涉及的自然资源包括土地、矿产、森林、草原、水流、湿地、野生动植物、自然景观等自然生态空间。《大熊猫国家公园自然资源管理办法（试行)》提出了大熊猫国家公园自然资源管理的主要任务，包括建立健全自然资源管理制度，全面了解自然资源情况，理顺自然资源产权体系，代表全民管理自然资源资产，实施对非全民所有自然资源的管理监督，加强国土空间用途管制，确保大熊猫国家公园的自然资源保值增值和可持续利用。通过执行《大熊猫国家公园自然资源管理办法（试行)》，将推动大熊猫国家公园自然资源管理工作的规范化和有效性，为保护和永续利用自然资源作出贡献。

4)《大熊猫国家公园产业准入负面清单（试行)》②

《大熊猫国家公园产业准入负面清单（试行)》的制定旨在加强大熊猫国家

---

① 陕西省林业局. 大熊猫国家公园特许经营管理办法（试行). （2020-03-17）. http://lyj. shaanxi. gov. cn/zwxx/tzgg/202009/t20200915_2030419. html.

② 陕西省林业局. 大熊猫国家公园产业准入负面清单（试行). （2020-03-17）. http://lyj. shaanxi. gov. cn/zwxx/tzgg/202009/t20200915_2030419. html.

公园的生态环境保护和自然资源管理，同时推动当地居民的生产生活方式转型，引导社区健康稳定发展。根据《大熊猫国家公园体制试点方案》和《大熊猫国家公园规划》的要求，该清单明确了限制和禁止进入大熊猫国家公园的产业项目。《大熊猫国家公园产业准入负面清单（试行）》指出，大熊猫国家公园按照国家重点生态功能区规划，与水源涵养型、水土保持型、生物多样性维护型生态功能区发展方向一致，以保护和修复生态环境为首要任务，属于禁止工业化、城镇化开发区域，实行严格管控，严格控制人为因素对自然生态系统原真性、完整性的干扰。除涉及国防安全设施以及经国家和省政府批准的重大基础设施建设，不损害生态系统的当地居民生产生活设施改造和科研、监测、教育、游憩，以及文物保护利用相关活动外，禁止其他与保护目标不一致的开发建设活动，大熊猫国家公园内不符合保护和规划要求的各类工矿企业等产业应逐步退出。《大熊猫国家公园产业准入负面清单（试行）》依据《国民经济行业分类》（GB/T 4754—2017），涉及 18 个门类 82 个大类。

5）《大熊猫国家公园确界定标管理办法（试行)》[①]

为统一四川、陕西、甘肃三省的大熊猫国家公园边界及国家公园内区界的确界标准，大熊猫国家公园管理局发布了《大熊猫国家公园确界定标管理办法（试行)》。《大熊猫国家公园确界定标管理办法（试行)》规范了确界工作的全流程，涵盖范围目标、术语定义、管理机构、工作内容、流程、管理实施、项目收尾、保密管理、绩效评价、项目维护管理、引用文件等方面。该办法明确了大熊猫国家公园确界定标的工作任务，共涉及 16 项工作任务，包括工作准备、质量检验评定等。同时，它还明确了 14 项管理任务，如管理策划、采购与投标管理、合同管理等。通过规范大熊猫国家公园边界和区界的位置，确立各方均认可的准确界线，对于推动大熊猫国家公园的生态保护和自然资源管理具有重要意义，它为未来的工作奠定了坚实基础。

6）《四川省大熊猫国家公园管理办法》[②]

2022 年 4 月，四川省政府发布了《四川省大熊猫国家公园管理办法》，明确了大熊猫国家公园的管理体制、规划建设、资源保护和利用管理等方面的要求。该办法自 2022 年 5 月 1 日起实施，有效期为两年。根据该办法，大熊猫国家公园管理机构将整合原有的自然保护地、国有林场、国有林区等管理职能，统一行使大熊猫国家公园的管理职责。管理机构将负责大熊猫国家公园范围内的自然资

---

① 大熊猫国家公园管理局. 大熊猫国家公园确界定标管理办法（试行). (2020-05-07). https://news. sina. cn/2020-05-07/detail-iircuyvi/687406. d. html.

② 四川省人民政府. 四川省人民政府关于印发《四川省大熊猫国家公园管理办法》的通知. (2022-04-25). https://www. sc. gov. cn/10462/zfwjts/2022/4/26/7628082b0b6b4ec58c80113d1c8f75ba. shtml.

源资产管理、国土空间用途管制、生态保护修复、特许经营管理、社会参与管理和宣传推介等任务。同时，管理机构还负责协调与当地政府和周边社区的关系，并依法履行资源环境综合执法职责，建立综合执法机制。此外，管理机构还建立了大熊猫国家公园协调机制，以解决保护、建设和管理中的重大问题。通过该办法的实施，将进一步加强大熊猫国家公园的管理工作，推动保护工作与社区和谐发展相结合，促进大熊猫国家公园的可持续发展。

7)《四川省大熊猫国家公园管理条例（草案）》[①]

《四川省大熊猫国家公园管理条例（草案）》于 2022 年 9 月 29 日提交四川省第十三届人民代表大会常务委员会第三十七次会议审议。该条例草案的起草依据主要是《中华人民共和国森林法》《中华人民共和国环境保护法》等相关法律法规，并借鉴了青海省、海南省、福建省等省份在制定国家公园管理地方性法规方面的经验做法。草案于 2023 年 7 月 25 日四川省第十四届人民代表大会常务委员会第五次会议审议通过，2023 年 10 月 1 日起施行。该条例明确了大熊猫国家公园的规划、建设、保护、管理、发展等内容。目前，该条例共分为 8 章 66 条，包括总则、分则、法律责任和附则。其中，总则章明确了条例制定的目的、适用范围以及国家公园的定义，同时明确了地方政府、公园管理机构和相关职能部门的责任。分则章（第二章~第六章）对规划与建设、保护与管理、发展与共享、保障与监督、区域协作进行了相关规定。法律责任和附则章（第七章和第八章）明确了违反禁止规定、造成生态环境损害等行为的法律责任，并界定了大熊猫国家公园四川片区的地理边界范围。

9.2.2.5 标准体系

1)《大熊猫国家公园（秦岭）原生态产品认定办法（试行）》[②]

大熊猫国家公园陕西省管理局在 2021 年 4 月 27 日发布了《大熊猫国家公园（秦岭）原生态产品认定办法（试行）》。其目的是规范管理大熊猫国家公园（秦岭）内的原生态产品，并促进绿色发展和生态环境保护。该办法是根据相关法律法规制定的，适用于涉及秦岭片区县（市、区）范围内的原生态产品。这些产品必须符合绿色环保、低碳节能、资源节约的要求，并获得相应的生态原产地保护、无公害农产品、绿色食品或有机产品认证。

---

① 四川人大网. 四川省大熊猫国家公园管理条件.（2023-07-31）. https://www.scspc.gov.cn/f/fgk/scfg/202307/t20230731_44631.html.

② 熊猫国家公园陕西省管理局. 大熊猫国家公园（秦岭）原生态产品认定办法（试行）.（2021-04-27）. http://www.shaanxi.gov.cn/zfxxgk/fdzdgknr/zcwj/gfxwj/202208/t20220831_2249169.html.

2）《大熊猫国家公园陕西秦岭区自然资源本底调查技术规程》①

该规程旨在规定大熊猫国家公园陕西秦岭区自然资源本底调查的内容、方法和技术要求。适用范围为调查该区域内野生动植物资源的本底情况。调查对象包括自然环境条件、植被类型、野生植物、野生动物和大型真菌。根据条件，也可将苔藓、藻类、地衣、节肢动物和软体动物纳入调查范围。重点关注国家和省级重点保护的野生动植物。

3）《大熊猫国家公园陕西秦岭区自然资源本底调查技术实施细则》②

针对秦岭大熊猫国家公园内保护区的情况，已进行一些综合科学考察。虽然这些区域通过大熊猫调查和栖息地监测等手段积累了一定的本底资源信息，但仍无法满足形成国家公园资源本底的需求。主要原因是各保护区在调查和成果汇总方面缺乏统一标准，已有信息的尺度不一致，无法形成统一、整体、清晰、标准化的成果。因此，本次调查将重点在两个方面展开。一方面，对现有数据进行标准化整理和汇总，充分利用过去的工作成果。另一方面，对缺失的区域和内容进行有针对性的专项调查，以补充和衔接现有信息，从而形成符合秦岭区大熊猫国家公园有效管理需求的完整、标准和最新的本底资源信息。

4）《大熊猫国家公园陕西秦岭区大熊猫及其栖息地监测工作方案》③

为了及时了解大熊猫国家公园陕西秦岭区大熊猫野生种群和栖息地的发展情况，持续监测大熊猫圈养种群的变化趋势，综合评估该地区大熊猫及其栖息地的现状和发展趋势，以便做出科学决策和精准保护，大熊猫国家公园陕西省管理局决定于 2021 年起，在全国第四次大熊猫调查成果和自然资源本底调查的基础上，全面启动大熊猫国家公园陕西秦岭区的大熊猫种群及其栖息地监测工作。该监测工作由大熊猫国家公园陕西省管理局指导，由大熊猫研究中心主导并提供技术支持，各管理分局负责组织实施。

5）《大熊猫国家公园陕西秦岭区大熊猫及其栖息地监测技术方案》④

为贯彻落实建立以国家公园为主体的自然保护地体系建设要求和大熊猫国家公园保护管理任务，及时掌握大熊猫国家公园陕西秦岭区内大熊猫及其栖息地的变化情况，需要对该区域内大熊猫种群、栖息地、主食竹、同域分布主要野生动

① 大熊猫国家公园陕西省管理局. 大熊猫国家公园陕西秦岭区自然资源本底调查技术规程.（2021-05-12）. http://lyj. shaanxi. gov. cn/zfxxgk/fdzdgknr/zcwj/qtgw/qtwj/202108/t20210816_2186843. html.

② 大熊猫国家公园陕西省管理局. 大熊猫国家公园陕西秦岭区自然资源本底调查技术实施细则.（2021-05-12）. http://lyj. shaanxi. gov. cn/zfxxgk/fdzdgknr/zcwj/qtgw/qtwj/202108/t20210816_2186843. html.

③ 大熊猫国家公园陕西省管理局. 大熊猫国家公园陕西秦岭区大熊猫及其栖息地监测工作方案.（2021-05-12）. http://lyj. shaanxi. gov. cn/zfxxgk/fdzdgknr/zcwj/qtgw/qtwj/202108/t20210816_2186843. html.

④ 大熊猫国家公园陕西省管理局. 大熊猫国家公园陕西秦岭区大熊猫及其栖息地监测技术方案.（2021-05-12）. http://lyj. shaanxi. gov. cn/zfxxgk/fdzdgknr/zcwj/qtgw/qtwj/202108/t20210816_2186843. html.

物、威胁因素以及保护管理状况等内容进行连续监测，逐步建立并完善大熊猫国家公园陕西秦岭区大熊猫及其栖息地监测信息数据库和大熊猫个体 DNA 信息库，持续推进大熊猫保护工作。

6）《大熊猫国家公园标志技术规范》（DB51/T 2736—2020）①

《大熊猫国家公园标志技术规范》（DB51/T 2736—2020）是 2021 年 1 月 1 日实施的四川省地方标准，归口于四川省林业和草原局。该标准规定了大熊猫国家公园交通指引标志、告示标志、指示标志、位置标志、警示标志和禁止标志的图案、文字、颜色和尺寸等内容，适用于四川大熊猫国家公园中标志的制作与应用。

9.2.3 经营运行管理

9.2.3.1 资源保护和利用管理制度

自然资源资产调查评估制度研究制定自然资源资产评估、台账管理等制度。结合国家公园自然资源统一确权登记簿册资料，建立大熊猫国家公园自然资源资产负债表核算体系及数据采集平台，统一管理资源数据；研究编制自然资源资产负债表，以核算账户的形式对大熊猫国家公园范围内主要自然资源资产的存量及增减变化进行分类核算，客观评估大熊猫国家公园在特定时间点上所拥有的自然资源资产总量，准确把握管理主体对自然资源资产的占有、使用、消耗恢复活动情况，为大熊猫国家公园保护管理综合决策、绩效评估考核、生态补偿、领导干部自然资源资产离任审计、责任追究等提供重要依据。自然资源保护利用规划制度以用途管制、依法管理为前提，有条件地使用自然资源，有序地开发自然资源。符合规划用途管制或许可，符合相关准入条件和标准，履行保护和节约利用资源的法定义务，防止无序无度开发利用自然资源，为自然资源保护管理及开发利用提供指导基础。

9.2.3.2 实行特许经营管理

国家公园内的经营性活动采用特许经营方式，优先考虑当地居民及其创办的企业，鼓励居民以投资入股、合作、劳务等形式开展家庭旅馆、农家乐、熊猫人家、熊猫文化产品、森林体验、交通服务等经营活动。特许经营范围包括餐饮、

---

① 四川省林业和草原局. 大熊猫国家公园标志技术规范. （2021-01-01）. https://std. samr. gov. cn/db/search/stdDBDetailed？id=B7B95C989D64DA66E05397BE0A0A225F.

住宿、探险服务培训、车辆或自行车租赁、国家公园特色商品等。通过制定特许经营管理办法,加强动态管理。国家公园管理局、社区居民和访客共同构成监管主体,对特许经营的企业和个人进行监管。特许经营收入全部用于国家公园生态保护和民生改善,使用透明并接受公众、媒体和非政府组织监督。有关特许经营的管理流程见图9-2。

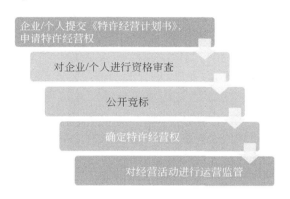

图 9-2 大熊猫国家公园特许经营管理流程图

9.2.4 资金管理

9.2.4.1 加大财政资金投入

优化财政资金投入渠道,整合各类财政资金,以统筹支持国家公园的建设和管理。中央财政将通过现有渠道进一步增加支持力度,重点投入基础设施、生态搬迁、生态廊道、科研监测、生态保护补偿等方面,并加大对重点生态功能区的转移支付力度。

9.2.4.2 经营收入作为合理补充

将经营收入作为财政拨款的合理补充,用于国家公园的维护和管理。特许经营收入将依照相关规定进行管理,专门用于国家公园的生态保护和改善民生。

9.2.4.3 建立金融支撑体系

建立稳健的金融支撑体系,设立大熊猫国家公园重点项目库。鼓励利用专业化的绿色担保机制等方式,吸引更多社会资本投资绿色产业。加强监管机制,有效防范金融风险。完善商业性金融支持保障,通过参与融资模式如公共私营合作制（PPP）等，借助综合化运营平台，积极推动绿色信贷投放，并推进绿色保险的发展。

9.2.4.4 加强资金管理

为加强资金管理，国家公园实行收支两条线管理。政府非税收入上缴财政，财政统筹安排支出。同时，财政部门还负责接收和管理社会捐赠资金。资金的使用要求按照规范的程序和要求编制预决算，合法合规使用财政资金，确保专款专用。此外，建立财务公开制度，全过程监督财政拨款和社会资金的使用情况，加强国家公园资金的绩效评价管理，以确保资金使用公开透明。

2022 年 4 月，根据《四川省大熊猫国家公园管理办法》的要求，提出了建立以财政投入为主的多元化资金保障制度。该办法明确指出，大熊猫国家公园保护、建设和管理经费将被纳入财政预算，并建立管理机构与相关部门合作，制定巡护、监测等野外工作补助办法和标准，确保大熊猫国家公园的野外工作激励和保障机制。此外，鼓励企业、社会组织和个人通过捐赠、援助等形式参与大熊猫国家公园的保护和管理。

9.2.5 生态保护体系

9.2.5.1 大熊猫保护及栖息地修复

1）保护大熊猫野生种群

为加强国家公园内基础种群的保护，应当对各基础种群分布区的环境容纳能力进行评估。通过运用样线调查、激素检测等方法，分析种群的健康状况和潜在风险。此外，研究工程措施，探索促进种群扩散和交流的方法，包括高密度种群调控和异地放归等，以确保大熊猫低密度种群的稳定增长和整体安全。

2）开展栖息地保护修复

针对栖息地保护修复，将符合条件的耕地纳入退耕还林还草政策范围，核实永久基本农田的分布情况，明确核心保护区内永久基本农田的调整和补划方案后，经有关部门同意报请自然资源部和农业农村部批准。推动栖息地的整体保护和修复工作，促进栖息地斑块间的融合，将提升大熊猫栖息地的保护率。对受人类活动影响导致的栖息地损害，实施生态修复措施，包括矿产开发受损栖息地的边坡稳固和尾矿治理。同时，采取改良土壤基质、种植重金属耐性植物、构建人工湿地、净化地下水和微生物修复等措施，恢复受损山体的自然状态，增加栖息地的连通性和完整性，提升生态功能。此外，针对汶川地震、芦山地震、九寨沟地震及其他山地次生灾害造成的大熊猫栖息地植被损害，进行林草植被的补植和山体生态修复工作。

3）建立生态廊道

采用近自然的工程措施，打造栖息地连通廊道和走廊带，如黄土梁、小河、土地岭、二郎山、泥巴山、拖乌山、350 国道、太白河、大树坪、二郎坝、108 国道隧道、两河、余家河、大团鱼河等。通过增强栖息地的协调性和完整性，促进隔离种群之间的基因交流，从根本上降低局域小种群灭绝的风险。

9.2.5.2 加强生态系统保护修复

1）森林

进一步实施重要生态工程，包括天然林保护、长江防护林体系建设和退耕还林等。坚持自然恢复为主、人工修复为辅的原则，巩固已取得的退耕还林和封山育林成果。加强森林资源和森林生态系统的保护，特别是对脆弱和植被破坏严重的区域。通过封山育林、补植等措施逐步恢复森林植被，提升森林的健康状况和可持续发展能力。

2）河湖

实施河湖生态系统的保护和修复，推动水资源的合理利用和保护。加强对水利工程设施的调度和运行管理，确保工程的安全性，避免造成新的生态破坏。禁止新建水电站，并基于生态环境影响评估，对已建的小水电站进行分类处理。恢复河流水系的自然连通性，对河流岸线的生态进行修复，恢复自然的岸线形态。加强水污染治理和水土流失治理，提升山洪灾害的防治能力，建立预警预报系统。

3）湿地

实施湿地生态系统的保护和修复工程，重点保护和恢复湿地的面积和植被，阻止湿地退化和萎缩的趋势。控制污染源，对严重污染的湿地进行修复。采取限制人流、遥感监测和定期巡护等措施，严格管控湿地的状况。

4）草地

根据实际情况采取综合措施，包括禁牧、退牧还草、草畜平衡和轮牧休牧、优化草原围栏布局，留出足够的空间供野生动物活动和迁徙。针对受鼠害和植被退化影响的草地，采取生物和工程手段相结合的方式进行恢复治理。

9.2.5.3 生物多样性保护

1）极小种群和珍稀濒危物种保护

结合大熊猫调查、专项调查和监测等工作，收集同域分布的珍稀濒危野生动植物、极小野生动植物种群和林木种质资源的资料，以掌握野生珍稀动植物资源种群的动态和分布变化趋势。

2）野生动物救护体系

建立野生动物救护体系，包括"救护中心—救护分中心—救护点、临时收容所"。该体系针对野生大熊猫等野生动物可能面临的自然灾害、疫病感染和人为伤害等威胁，及时开展野外伤、病个体的救护工作。

9.2.6 社会与公众参与

9.2.6.1 社会参与

促进社会参与，鼓励社区、企业、学校和个人参与公园建设。具体包括：社区居民应征生态管护和社会服务岗位，支持生态建设和绿色社区；鼓励社会企业提供支持，促进就业和生态保护；学校参与自然教育和科普服务；建立透明的社会捐赠管理，接受捐赠并有效管理资金；给予符合条件的公益性捐赠税收优惠。

9.2.6.2 生态补偿

建立居民长期生态保护补偿机制，通过资金补助、技能培训、就业引导和转产扶持等方式实施补偿。完善生态保护补偿资金支付与成效挂钩的激励约束机制。对符合公益林区划界定的林地，征得林权权利人同意后，划定为国家级或地方公益林，并纳入相应的森林生态效益补偿范围。

9.2.7 科研平台

9.2.7.1 科学研究

制定大熊猫国家公园科学研究规划纲要，统筹开展科学研究等工作。加强基础科学研究，针对大熊猫等珍稀濒危动物保护、生物多样性保护和生态文明建设重大和前沿问题，着力开展一批重大、前瞻性科研项目，解决一系列科学研究问题。加强大熊猫野外放归技术、种群扩散机制、圈养种群配对选择机制、野生种群调控、野化培训技术、栖息地利用和动态变化机制、全球气候变化的影响、大型干扰的影响、主要疫病机制及专用疫苗和血清研制、栖息地质量评估体系、栖息地恢复技术等制约大熊猫野生和圈养种群发展的关键科学问题研究。

9.2.7.2　科研平台

建立标准统一、管理统一、功能完善、智能高效的监测评估体系，长期有效地开展实时监测、评估和预警。监测评估预警体系主要由监测指标体系、评估预警体系和"空天地人一体化"监测系统组成（图9-3）。

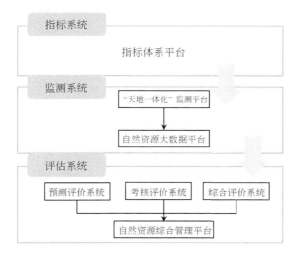

图9-3　大熊猫国家公园监测评估预警平台

依托大熊猫调查路线的设置，科学加密增设监测样线，形成网状系统的全覆盖。整合现有自然保护地及周边监测设施设备，按照"缺什么、补什么"的原则，增密野保影像监控、防火视频监控、野生动物入侵报警、道路卡口视频监控系统、智能巡护终端、生态因子监测站等。

2018年6月19日，大熊猫国家公园珍稀动物保护生物学国家林业和草原局重点实验室挂牌仪式在中国大熊猫保护研究中心都江堰基地举行。正式挂牌成立是我国大熊猫国家公园体制试点工作的一个重要举措，标志着以大熊猫为代表的珍稀野生动植物保护研究工作迈入新的阶段。重点实验室的建成不仅能够加强对大熊猫的保护，也能促进该区域珍稀和特有野生动物的保护。具体来说：①重点实验室要加强科研队伍建设，组建强有力的科研攻关团队，培养战略型、领军型、创新型科研人才队伍。②重点实验室要搭建科研合作平台，与国内外相关机构、大专院校建立科研合作和学术交流，打造一流科研平台、高端科研平台、应用技术研究平台。③重点实验室要提高科技创新能力，围绕珍稀动物保护生物学重大科技问题，力争实现引领性原始创新和具有自主知识产权的重大突破。④重点实验室要做强大熊猫国家公园科技支撑，通过5~10年的努力，为大熊猫国家公园和生物多样性保护提供技术支持。

9.2.7.3　人才队伍

首先，确立科学的大熊猫国家公园人才发展目标，培养并造就数量充足、结构优化、素质优良的人才队伍，建立完善的培训机制，提高从业人员的技术水平和综合素质，为大熊猫国家公园的管理和发展提供高素质人才。其次，加强人才交流，与国内外科研机构和高等院校开展考察、学习交流、科研合作等，共同推进科学研究和保护工作。再次，鼓励高校和研究机构参与规划设计、生态保护、科研监测、社区共建和科普宣传等工作。最后，实行人才均衡交流，促进各地区大熊猫保护事业的协同发展。改善工作环境、生活条件和待遇，提供吸引人才的政策，吸引高素质人才加入大熊猫国家公园工作。

9.2.7.4　国际交流合作

深化国际交流合作，彰显大熊猫国家公园魅力，树立濒危珍稀野生动物保护的负责任国家形象。目前，已经通过合作研究、技术支持、人才培养等方式，先后与日本、美国、奥地利、泰国等 17 个国家的动物园、研究机构、保护组织和大学建立了国际科研合作网络和科研合作关系，举办了大熊猫保护与繁育国际大会等大熊猫保护领域重要的国际性学术研讨会。

9.3　监督与评估机制

1）监督机制

为了全面了解大熊猫国家公园的自然资源和生态系统，进行全面监测，关注大熊猫种群、栖息地、生物多样性、土地利用、森林覆盖和野生动植物资源的情况和变化。同时，监测气象、水流、大气等要素的变化，以及自然干扰、访客活动和社区参与对生态系统的影响。这些监测工作将为支持科学保护和合理利用提供基础数据。

2）评估体系

制定大熊猫国家公园的评估指标体系和技术方案，以全面掌握评价保护管理能力和成效，形成年度评估报告。通过对动态监测数据处理、加工和分析，建立监测数据处理分析系统，实现自然灾害和突发事件主动预警，及时发布预警信息。

充分应用区域测绘地理信息时空大数据和云平台等技术，建立智能化、可视化、"空天地人一体化"全天候快速响应的监测体系。依靠科技创新与技术进步，加强低成本、低功耗、高精度、高可靠的智能化传感设备和遥感技术在国家公园管理中的集成应用。提高以高分辨率系列卫星遥感数据为主、中分辨率评估与高分辨率核查相结合的多源协同遥感工作能力，并充分运用无人机、直升机、红外相机、振动光纤等技术手段。建设自然与人文资源、生物多样性、社区发展、国家公园管理等一套数据库，扩展统计分析、信息展示、决策支持等多个子平台应用。依托大熊猫调查路线的设置，科学加密增设监测样线，形成网状系统的全覆盖。整合现有自然保护地及周边监测设施设备，按照"缺什么、补什么"的原则，增密野保影像监控、防火视频监控、野生动物入侵报警、道路卡口视频监控系统、智能巡护终端、生态因子监测站等。

9.4 经验与启示

9.4.1 主要经验

在大熊猫国家公园试点实施过程中，从创新管理体制、建立决策协商机制、跨区域联盟、司法合作等方面进行了广泛而深入的探索和实践。这些实践取得了不同的成果和经验。其中，有几个方面的试点经验特别有意义，具有很好的示范和推广价值[①]。

1）保持原真性和完整性

作为首批 10 个国家公园体制试点之一，该国家公园范围辽阔，确保了山地生态系统中以大熊猫为代表的真实性[②]。第四次大熊猫调查结果数据显示，大熊猫国家公园内大熊猫约占野生大熊猫种群数量的 87.50%，具体约为 1631 只。与此同时，该国家公园还覆盖了 70.25% 的栖息地面积，总共超过了 18 101 km²。此外，大熊猫国家公园还涵盖了至少 641 个脊椎动物物种、3446 个植物物种的典型栖息地[③]。大熊猫国家公园虽然以大熊猫为名，但研究表明，大熊猫国家公园这种以大熊猫为目标的保护投入可以惠及该地区许多其他野生动植物物种[④]，同时

① 李晟，冯杰，李彬彬，等. 大熊猫国家公园体制试点的经验与挑战. 生物多样性，2021，29（3）：307-311.

② 臧振华，张多，王楠，等. 中国首批国家公园体制试点的经验与成效、问题与建议. 生态学报，2020，40（24）：8839-8850.

③ HUANG Q，FEI Y，YANG H，et al. Giant Panda National Park，a step towards streamlining protected areas and cohesive conservation management in China. Global Ecology and Conservation，2020，22：e00947.

④ LI B V，PIMM S L. China's endemic vertebrates sheltering under the protective umbrella of the giant panda. Conservation Biology，2016，30（2）：329-339.

也能提供各种丰富多样的生态系统服务①。

2）形成社区共建共管新局面，建立创新管理新体制

大熊猫国家公园试点期间，探索了社区共建共管和管理体制的创新。各方积极参与，形成了全社会共建共管的新模式。与利益相关方合作，建立了示范模式和三位一体格局②③④。建立了共管理事会，丰富了社会参与方式。在岷山区域试点中，多个县区联合行动，将自然保护地纳入试点范围，共同保护大熊猫栖息地。在国家公园内和入口社区开展了"蚂蚁森林"公益保护地试点，吸引了公众参与和社会资金支持。尝试建立政府购买社区生态保护服务机制，积累了经验②③⑤。通过疏通代替围堵、融合代替部分搬迁、共建代替死守等方式进行生态保护和管理。这些创新的管理体制为国家公园的保护和管理提供了有益的尝试，平衡了保护与发展的关系，激发了当地社区参与的积极性。

3）形成系统化的野生动物标准监测体系

生物多样性监测对于国家公园保护至关重要⑥。在大熊猫国家公园试点实施之前，国家和国际社会已经在保护大熊猫及其栖息地方面投入了大量资源。该地区建立了多个自然保护区，形成了区域性的自然保护区群⑦⑧。基于这些努力和历次全国大熊猫调查，建立了系统的监测体系，用于监测野生大熊猫种群情况⑨⑩。大熊猫国家公园是我国最早实施大规模野生动物红外相机监测的地区，目前已建立了庞大的红外相机监测网络。监测方案已发布并被纳入地方标准，为

---

① WEI F, COSTANZA R, DAI Q, et al. The value of ecosystem services from giant panda reserves. Current Biology, 2018, 28 (13): 2174-2180. e7.

② 臧振华，张多，王楠，等. 中国首批国家公园体制试点的经验与成效、问题与建议. 生态学报，2020，40 (24): 8839-8850.

③ Jin T. China's Land Trust Reserves. // Guidelines for Privately Protected Areas (ed. Mitchell BA). Best Practice Protected Area Guidelines Series No. 29. 2018, IUCN, Gland, Switzerland, https://doi.org/10.2305/IUCN. CH. 2018. PAG. 29. en.

④ 王伟，李俊生. 中国生物多样性就地保护成效与展望. 生物多样性，2021，29 (2): 133.

⑤ 吕植，顾垒，闻丞，等. 中国自然观察 2014：一份关于中国生物多样性保护的独立报告. 生物多样性，2015，23 (5): 570-574.

⑥ 米湘成. 生物多样性监测与研究是国家公园保护的基础. 生物多样性，2019，27 (1): 1-4.

⑦ LI S, WANG D, GU X, et al. Beyond pandas, the need for a standardized monitoring protocol for large mammals in Chinese nature reserves. Biodiversity and Conservation, 2010, 19: 3195-3206.

⑧ YANG B, QIN S, XU W, et al. Gap analysis of giant panda conservation as an example for planning China's national park system. Current Biology, 2020, 30 (7): 1287-1291. e2.

⑨ 国家林业局. 全国第三次大熊猫调查报告. 北京：科学出版社，2006.

⑩ 四川省林业厅. 四川的大熊猫：四川省第四次大熊猫调查报告. 成都：四川科学技术出版社，2015.

国家公园标准化野生动物监测体系的建立提供了基础①②。这样的监测体系不仅为生物多样性的记录和监测提供可靠基础，还在科研成果、保护地的保护成效评估、景观廊道规划和保护管理决策等方面提供了科学支持③④。

9.4.2 启示

1）管理体制与运行机制仍需优化，各级管理机构的责权利需明晰

尽管大熊猫国家公园试点已确立了四级管理架构（管理局、省管理局、管理分局和管护站），但在实际工作中仍存在问题。运行机制和管理体制尚未建立起统一的领导体系，导致管理局职权实施存在问题。中央和地方在管理体制方面尚未完全协调一致，权责、财务、人事等方面存在差异。地方管理机构对自身职责和权利理解不清，保护区仍按原有机制运行。此外，管理人员普遍感到责任与权利不匹配，这影响了地方管理机构的积极性和主动性。

2）跨省共建与管理存在挑战，多层关系仍需理顺

大熊猫国家公园覆盖广阔的地区，自然保护地的性质和级别复杂，管理部门之间的交叉程度高。涉及 50 个国有林场、15 个森工企业和 3 个省属林业局，需要进行分类处理。不同省份的片区在行政体系、人事设置、工作流程、管理方式和管理风格方面存在差异，形成了实际上跨省分治的管理格局。尤其是陕西的秦岭片区与其他片区相隔较远，难以与四川和甘肃形成联合管理机制。长期以来，各省片区的统一性存在困难，可能导致各自独立地开展管理工作，给国家公园管理局的整体协调带来困难。

3）发展与保护的矛盾仍是国家公园面临的主要挑战

大熊猫国家公园位于四川、陕西和甘肃，涵盖了 12 个市（州）、30 个县（市、区）、152 个乡镇，总人口约 12.08 万人。其中，常住人口约 8.51 万人，涉及 19 个少数民族。该国家公园面临着人口众多、贫困程度高、文化多样性丰富、与生产生活紧密相连的自然资源的挑战。人类活动（如采集薪柴和放牧）对大熊猫栖息地造成重要干扰。居民主要以放牧等活动为生，但由于范围广泛、

---

① 李晟，王大军，申小莉，等. 西南山地红外相机监测网络建设进展. 生物多样性，2020，28（9）：1049-1058.

② LI S, MCSHEA W J, WANG D, et al. Retreat of large carnivores across the giant panda distribution range. Nature Ecology & Evolution，2020，4（10）：1327-1331.

③ WANG F, MCSHEA W J, WANG D, et al. Evaluating landscape options for corridor restoration between giant panda reserves. PloS One，2014，9（8）：e105086.

④ SHEN X, LI S, MCSHEA W J, et al. Effectiveness of management zoning designed for flagship species in protecting sympatric species. Conservation Biology，2020，34（1）：158-167.

贫富差距大、缺乏替代生计等问题，导致保护与发展冲突。政策矛盾也存在，一些扶贫项目未充分考虑生态影响，可能加剧人类活动对大熊猫栖息地的干扰。大熊猫国家公园及周边地区居民众多，与野生动物常发生冲突。此外，土地和林地的权属复杂，矿山和水电等产业退出后的补偿和就业安置存在困难。这些因素给国家公园后续的有效管理带来了巨大挑战。为了实现国家公园内可持续生计的发展，需要各级管理部门、地方政府和社区共同投入大量精力和资源，并根据各地具体情况制定精细化、差异化的管理策略和措施。

4）人员编制亟待加强与优化

由于历史因素，大熊猫国家公园内保护地人员的编制不均衡。保护地、林场、森工企业等单位的职工数量庞大，需要解决安置和分流问题。一线工作人员中存在年龄较大、教育程度较低的情况。许多一线工作人员为临聘制或非正式人员，难以获得正式编制。因此，编制和招聘、考核、薪酬制度需要改革，吸引不同类型的人才进入国家公园系统，以提高队伍素质和稳定性。同时，公园管理机构和政府也应共同努力，优化人员编制，确保有效管理和可持续发展。

5）栖息地破碎化和连通性恢复问题值得持续关注

大熊猫国家公园的栖息地破碎化问题日益严重，这主要受到自然地形和人类活动的影响。栖息地被分割成18个斑块和局域种群，其中有6个种群数量超过100只，主要分布在岷山、邛崃山和秦岭中部。保护工作在过去几十年取得了显著成效，种群数量和栖息地面积得以恢复增长。然而，破碎化问题仍然存在。体制试点期间，栖息地破碎化和景观连通性得到了关注，进行了生态走廊修复工作。重引入项目成功促进了小种群的恢复和基因交流。然而，栖息地的破碎化和连通性仍是国家公园面临的重要问题。当前国家公园试点方案未充分考虑部分小种群的生存和与核心种群的基因交流恢复问题，这在国家公园的规划和建设中应予以重视。

第 10 章 | 东北虎豹国家公园

东北虎和东北豹是温带森林生态系统健康的标志，也是一种世界濒危野生动物，更是增加区域生物多样性的旗舰物种，因此其保护价值和生物学意义巨大。东北虎豹国家公园把最应该保护的地方保护起来，有效保护珍稀物种、促进人与自然和谐共生，突出自然生态系统的严格保护、整体保护、系统保护，坚持世代传承，给子孙后代留下珍贵的自然遗产。东北虎豹国家公园强调绿色发展、人与自然和谐共生的发展，是建设美丽中国的宏伟篇章，是展现中国形象的重要窗口，是中国为全球生态安全作出的伟大贡献，是中国道路自信、理论自信、制度自信、文化自信的具体体现。东北虎豹国家公园位于吉林、黑龙江两省交界的南部区域（珲春—汪清—东宁—绥阳），地理坐标北纬42°38′45″~44°18′36″，东经129°5′1″~131°18′52″。

本章针对东北虎豹国家公园建设，从管理体制与运行机制，标准体系建设、经营管理、社会公众参与、科研平台建设及监督评估机制进行梳理，东北虎豹国家公园将突破原有的国有林区林场和自然保护地等保护管理机制，通过平衡环境保护和资源利用的关系，深化管理体制与机制改革，形成跨区域、跨部门的垂直统一的生态环境保护管理模式。着力解决全民所有自然资源资产所有权边界模糊、所有权人不到位、权益不落实、所有者和监管者职责不清等问题，通过组建国有自然资源资产管理机构，理顺各方面权责关系，积极构建权责明确、归属清晰、监管有效的国家自然资源资产管理体制。最后，从东北虎豹国家公园建设对林业居民收入的影响层面、开展跨界合作及人才培养等，提出管理经验及启示。

10.1 国家公园概况

东北虎豹国家公园（Northeast China Tiger And Leopard National Park）划定的园区是我国东北虎、东北豹种群数量最多、活动最频繁、定居和繁育最主要的区域及其潜在区域，也是北半球温带生物多样性最丰富的地区之一。设立东北虎豹国家公园，能有效保护和恢复东北虎豹野生种群，同时解决东北虎豹保护与人的发展之间矛盾，实现人与自然的和谐共生，从而推动生态保护和自然资源资产管理体制创新，实现统一规范高效管理。

东北虎豹国家公园东起吉林省珲春市林业局青龙台林场，与俄罗斯滨海边疆区接壤，西至吉林省大兴沟林业局岭东林场，南自吉林省珲春市林业局敬信林场，北到黑龙江省东京城林业局三道林场，总面积为 140.65 万 hm^2。东北虎豹国家公园行政区域涉及吉林省珲春市、汪清县、图们市 3 个县（市）的 17 个乡镇，黑龙江省东宁市、穆棱市、宁安市 3 个市的 9 个乡镇。其中，吉林省涉及面积为 95.57 万 hm^2，占东北虎豹国家公园总面积的 67.95%，黑龙江省涉及面积为 45.08 万 hm^2，占 32.05%。

东北虎豹活动区域涉及吉林省和黑龙江省两个省份的多个林业局、林场、市、县、乡镇、村屯、自然保护区等，公园自然资源资产被多个部门、多行政区管辖，保护和管理条块分割，体制机制不顺，管理有待加强。另外，区域内人类活动用地穿插，主要包括耕地、参地、牧场、水库、工矿企业、公路铁路等，压缩和分割了东北虎豹生存空间，导致虎豹栖息地碎片化问题突出，虎豹伤害人畜事件也时有发生。拟建立的东北虎豹国家公园的范围划定，按照野生东北虎豹主要栖息地、扩散廊道和潜在分布区、生态系统完整性和自然性等，采取措施避开人口稠密区和经济活动频繁区，建立与东北虎豹种群发展需求相适应的原则。

在中国东北地区，野生东北虎和东北豹在历史上曾经达到了"众山皆有之"的盛况。然而，由于人为活动的增加，森林消失和退化，野生东北虎豹种群和栖息地急速萎缩。在 1998～1999 年的一次中俄美三国专家联合调查中，仅发现少量东北虎豹的痕迹，判断当时中国境内东北虎仅存 12～16 只、东北豹仅存 7～12 只。随着天然林保护工程实施、自然保护区建立，特别是吉林省、黑龙江省两省 20 世纪 90 年代中期实施全面禁猎，东北虎豹栖息地生态环境逐步改善，野生种群得到恢复。北京师范大学虎豹研究团队在国家林业局、吉林省林业厅、黑龙江森工总局的大力支持下，开展了长达 10 年的定位监测，并建立了中国野生虎豹观测网络。通过 10 年的红外相机监测数据发现：2012～2014 年，中国境内的东北虎已达到 27 只，东北豹达 42 只。中国野生东北虎豹面临着种群恢复和保护的重要机遇。2015 年 6 月，东北虎豹的命运迎来了历史性转机。

基于北京师范大学虎豹研究团队 10 年科研成果而编写的《关于实施"中国野生东北虎和东北豹恢复和保护重大生态工程"的建议》通过中国民主同盟中央委员会提交中央，建议将东北虎豹保护列入国家战略。习近平总书记对这一建议作出重要批示，推动建立"东北虎豹国家公园"。2016 年 4 月 8 日，中央财经领导小组办公室召开会议，部署以吉林省为主、黑龙江省配合开展东北虎豹国家公园体制试点工作。5 月 4 日和 5 月 15 日，召开了两次"东北虎国家公园规划方案协调会"。5 月 16 日，中国东北虎豹国家公园体制试点方案通过专家论证。同年 12 月 5 日下午，《东北虎豹国家公园体制试点方案》获中国共产党中央全面深化改革委员会审议通过。据新华社报道，12 月 5 日下午，习近平总书记在主持召开中央全面深化改革小组第三十次会议时强调，总结谋划好改革工作，对做好明年和今后改革工作具有重要意义。要总结经验，完善思路，突出重点，提高改革整体效能扩大改革受益面。此次会议还审议通过了包括《东北虎豹国家公园体制试点方案》在内的多个改革方案。

设立东北虎豹国家公园，主要目的是提高栖息地质量，恢复东北虎、东北豹的迁移扩散廊道，增强栖息地的连通性、完整性和协调性，增加野生动植物的丰富度，保障东北虎豹种群活动范围的相对稳定，使其得以安全稳定地繁育、扩散，保护并复壮东北虎豹种群。2017 年 8 月，东北虎豹国家公园管理局成立，成为中国第一个中央直属的国家公园管理机构。2019 年 11 月，虎豹管理局野生动物救护中心在吉林省野生动物救护繁育中心挂牌成立。2021 年 11 月，我国宣布设立第一批国家公园，东北虎豹国家公园在列。

全球北温带的原始天然林区现今保存非常有限，仅分布在北美东北部地区、欧洲东部地区和亚洲东北部地区三个范围内。其中，亚洲东北部的温带针阔混交林生物多样性最高，比北美和欧洲的高出数倍。亚洲温带针阔混交林是在生物进化过程中长期演化所形成的，具有高度的稳定性和与该区域环境极为适应、丰富的生物多样性。尤其在更新世冰期的影响下，中国东北温带针阔混交林是大量物种的避难所，成为世界少有的"物种基因库"和"天然博物馆"。东北虎豹国家公园正处于亚洲温带针阔叶混交林生态系统的中心地带，据不完全统计，东北虎豹国家公园内保存的高等植物就达到数千种，包括大量的药用类、野菜类、野果类、香料类、蜜源类、观赏类、木材类等植物资源。其中，不乏一些珍稀濒危、列入国家重点保护名录的物种。例如，人们耳熟能详的人参，也被誉为"仙草"，是国家一级保护植物。另外，刺参、岩高兰、对开蕨、山楂海棠、瓶尔小草、草丛蓉、平贝母、天麻、牛皮杜鹃、杓兰、红松、钻天柳、东北红豆杉、西伯利亚刺柏等，也都在国家保护名录之列。更为神奇的是，在如此高纬度的地区却存在着起源和主要分布于亚热带和热带的芸香科、木兰科植物，如黄檗、五味子等。在漫长的进化过程中，这些物种随着环境的变迁，最终在东北虎豹国家公园的崇山峻岭中孑遗。

富饶的温带森林生态系统，也养育庇护着完整的野生动物群系。东北虎豹国家公园是保存相对完好、最为典型的东北温带森林的野生动物种群，并且生活着中国境内极为罕见、由大型到中小型兽类构成的完整食物链。食肉动物群系包括大型的东北虎、东北豹、棕熊、黑熊，中型的猞猁、青鼬、欧亚水獭、紫貂、黄鼬、伶鼬、小型的豹猫等。食草动物群系包括大型的马鹿、梅花鹿，中型的野猪、狍、原麝、斑羚等。东北虎豹国家公园内茫茫的林海亦成为鸟类生存繁衍的天堂，位于东北虎豹国家公园旁的图们江口湿地被国际列为兖州重点鸟区。每年春天，各种鸥类、鹬类、鹤类等林栖鸟类开始从南方返回，为当年的繁殖做好准备。每年秋天，各类候鸟迁徙大军也会在此停息补充能量，然后沿着国家公园内南北走向的山脉继续南下。东北虎豹国家公园肥沃的森林环境，也为棕黑锦蛇、红点锦蛇、白条锦蛇、虎斑颈槽蛇、东亚腹链蛇、乌苏里蝮、岩栖蝮等爬行动物提供了良好的生存环境。东北虎豹国家公园濒临日本海，在海洋气候的影响下，这里环境湿润，水系发达。著名的跨国河流绥芬河发源于东北虎豹国家公园内，珲春河等图们江重要支流横穿国家公园，充沛的水源也为两栖动物提供了良好的生存基础。每年 4 月中下旬，中国林蛙、东方铃蟾、粗皮蛙、花背蟾蜍、极北鲵等开始从蛰伏中苏醒，来到静水洼或池塘产卵，产完卵后，成蛙开始进入山林。待蝌蚪孵化变态为成蛙后，也会进入山林生活。进入秋天，它们又开始纷纷从山林中走出，跳进河流、湿地蛰伏避冬。发达的水系同样养育了丰富的鱼类资源，如大麻哈鱼、雅罗鱼、哲罗鱼。此外，在图们江、鸭绿江和绥芬河水系上游支流的山涧溪流中，生长着世界上最著名的五种鲑鱼之一——花羔红点鲑，这种中小型冷水稀有鱼仅生存在图们江、绥芬河、鸭绿江流域上游两岸森林茂密，且水流湍急、清澈的区域。

植物资源：东北虎豹国家公园森林覆盖率为 92.94%，植被类型主要是温带针阔叶混交林，分布有高等植物 150 科 406 属 666 种，包括裸子植物 3 科 7 属 13 种，被子植物 85 科 37 属 535 种，其中国家一级保护野生植物 2 种，东北红豆杉和长白松；国家二级保护野生植物 9 种，包括红松、钻天柳、水曲柳等。

动物资源：东北虎豹国家公园境内分布有野生脊椎动物 270 种，包括哺乳类 6 目 14 科 43 种，鸟类 15 目 39 科 190 种，其中国家一级保护动物 10 种，包括东北虎、东北豹、紫貂、原麝、梅花鹿、金雕、白头鹤、丹顶鹤等；国家二级保护动物 43 种，包括棕熊、亚洲黑熊、猞猁、马鹿等。据东北虎豹国家公园管理局 2021 年 10 月数据显示，东北虎豹国家公园内的野生东北虎、东北豹数量已由 2017 年试点之初的 27 只和 42 只分别增长至 50 只和 60 只，并且监测到新繁殖幼虎 10 只以上、幼豹 7 只以上①。

矿产资源：东北虎豹国家公园境内已探明的金属和非金属矿藏共 90 余种，主要有煤炭、油页岩、石灰石、黄金、花岗岩、大理石、玄武岩、铁、钨、钼等矿藏。

---

① 中国青年网. 保护 30% 全国陆域野生动物植物种类！首批国家公园生态保护取得新进展.（2022-02-19）. http://news. youth. cn/gn/202202/t20220219_13462711. htm.

10.2　管理体制与运行机制

东北虎豹国家公园始终以习近平新时代中国特色社会主义思想为指导，全面贯彻党的二十大精神，贯彻落实习近平生态文明思想，统筹推进"五位一体"总体布局和协调推进"四个全面"战略布局，不断巩固和树立新发展理念，践行绿水青山就是金山银山理念，全面落实《建立国家公园体制总体方案》《关于建立以国家公园为主体的自然保护地体系的指导意见》《东北虎豹国家公园体制试点方案》要求，始终把东北虎豹保护作为核心的生态功能定位，顺应东北虎豹的生存繁衍规律，对东北虎豹野生种群及自然生态系统实行最严格保护，抓住国有林区、林场改革契机，以及全面停止天然林商业性采伐部署，以探索建立跨地区跨部门统一管理体制机制为突破口，健全国家自然资源资产管理体制，坚定不移实施主体功能区制度，妥善安排当地居民的生产生活，实现人与自然和谐共生，为建立以国家公园为主体的自然保护地体系提供示范，加快美丽中国建设，为全球珍稀濒危野生动植物保护作出中国贡献，成为全球生态文明建设的重要参与者、贡献者、引领者。

10.2.1　管理体系

东北虎豹国家公园是习近平总书记亲自部署，首个由政府直接管理的国家公园。2017 年 8 月 19 日，东北虎豹国家公园国有自然资源资产管理局（东北虎豹国家公园管理局）在长春挂牌，正式设立东北虎豹国家公园，旨在恢复并维持稳定种群，确保东北虎、东北豹野生种群在中国境内繁衍生息。因此，保护生态系统原真性、完整性、连通性，对推动东北虎、东北豹跨境系统保护，具有重要意义。

在试点期内，有效恢复东北虎豹迁移扩散廊道，增强栖息地连通性，增加野生动植物丰富度，提高栖息地质量，形成东北虎豹相对稳定的活动范围和繁殖扩散种源地。进一步组建并完善东北虎豹国家公园管理机构，将采取统一方式行使国家公园自然资源资产管理和国土空间用途管制。建立空天地一体化监测平台。推动林场职工和当地农民生产生活方式转型，优先安排公益岗位，发展生态产业。加强国际合作，提高国际影响力。东北虎豹国家公园设立后，通过山水林田湖草整体保护以及自然资源资产所有权和监管权的有效行使，形成东北虎豹稳定野生种群、顶级肉食动物完整食物链，把东北虎豹国家公园建成东北虎豹等野生生物栖息家园，成为中国生态文明建设的名片以及生态系统原真性保护样板，对野生动物保护管理体制机制进行创新，形成一个野生动物跨区域合作保护典范，公园建成后加强科研合作，建设生态环境科研基地、生态体验和环境教育平台，向全世界展示一个生态系统平衡、生态功能稳定、人与自然和谐、地方特色浓郁的国家公园。

东北虎豹国家公园管理局各处室的职责如下[①]（图 10-1）。

图 10-1　东北虎豹国家公园管理局组织机构图

（1）办公室。负责机关日常运转工作；承担工作包括信息、安全、保密、信访、政务公开、党建群团、人事劳资、纪检等。

（2）综合业务处。组织开展重大问题调查研究；承担工作包括起草重要文件、综合协调业务工作、科普宣教、交流合作等。

（3）规划财务处。负责组织拟订和实施该国家公园的发展规划；承担工作包括部门预算与年度计划的编制和组织落实，以及投资项目、财务管理等。

（4）自然资源资产管理和生态保护修复处。负责自然资源资产管理工作；承担工作包括生态保护修复、野生动物保护、拟定并监督执行特许经营政策，以及协同地方开展防灾减灾和生物安全工作。

（5）执法协调处。负责起草并组织实施相关法规制度；承担工作包括园区内自然资源、林草等领域相关执法，以及与地方政府协作执法。

（6）科研监测处。负责园区内生物多样性科研监测工作，并指导联系东北虎豹国家公园科研监测中心。

---

① 东北虎豹国家公园．内设机构．（2023-12-14）．http://www.hubaogy.cn/index/news/index/cid/4.html.

10.2.2 法律与规划体系

1）法律体系

为了深入贯彻落实习近平总书记系列重要讲话精神，推动国家自然资源资产管理体制和东北虎豹国家公园体制两项试点任务实施，加快建成东北虎豹国家公园，国家林业局会同吉林省、黑龙江省编制了《东北虎豹国家公园总体规划（2017—2025 年)》（以下简称《总体规划》)。《总体规划》是东北虎豹国家公园最基础的空间规划，得到批复后，区域内其他城镇建设、交通等各类规划应根据《总体规划》进行修编，并分别编制工矿企业退出、生态廊道建设、自然资源有偿使用等专项规划，确保东北虎豹国家公园 2020 年正式设立，形成自然生态系统保护的新体制、新模式，为国家生态文明建设提供新样板，为全球生物多样性保护提供中国方案。

2）规划体系

（1）《东北虎豹国家公园总体规划（2017—2025 年)》[①]。明确了东北虎豹国家公园体制试点区域面积，解决跨地区、跨部门的体制性问题，破解"九龙治水"体制机制藩篱，从根本上实现自然资源资产管理与国土空间用途管制的"两个统一行使"；实行最严格的生态保护，加强山水林田湖草生命共同体的永续保护，筑牢国家生态安全屏障；处理好当地经济社会发展与野生动物、生态系统保护的关系，促进生产生活条件改善，全面建成小康社会，形成人与自然和谐发展新模式。

（2）其他规划。在《东北虎豹国家公园总体规划（2017—2025 年)》基础上，遵循"保护第一、国家代表性、全民公益性"的国家公园理念，牢记有效保护珍稀濒危物种、促进人与自然和谐共生、实现自然资源世代传承的历史使命，按照"重要自然生态系统原真性、完整性保护，同时兼具科研、教育、游憩"的功能定位，确立自然资源和生态系统保护的目标任务和体制机制，形成《东北虎豹国家公园总体规划（2022—2030 年)》。

3）标准体系

东北虎豹国家公园管理基本原则[②]：

（1）保护第一，世代传承把生态保护放在首位，东北虎豹国家公园的一切

---

① 东北虎豹国家公园总体规划（2017—2025 年）（征求意见稿）.（2018-03-09）. https://www. forestry. gov. on/uploadfile/main/2018-3/file/2018-3-9-599430e5ec1249bab08927453227ff14. pdf.

② 东北虎豹国家公园. 东北虎豹国家公园简介.（2017-08-16）. http://www. hubaogy. cn/index/news/show/id/47. html.

工作必须服从和服务于东北虎豹及自然生态系统的严格保护、整体保护和系统保护。落实生态保护红线制度，考虑生态环境承载能力，科学确定功能定位和保护目标，强化规划管控和监督执行，实现自然资源有效保护、永续利用，给子孙后代留下宝贵的自然遗产。

（2）统筹规划，分步实施根据东北虎豹保护需要，突破行政区域，处理好园区内各类保护地的关系。在保护工程、科研监测、执法监督等各方面统一规划，做好与国家基础设施规划合理衔接。同时，按照东北虎豹分布格局、活动规律、扩散趋势和试点方案总体安排，科学制定工作方案，分步实施，有序推进。

（3）分级管控，和谐发展按照《建立国家公园体制总体方案》的要求以及东北虎豹国家公园的保护目标，合理划定功能区，实行差别化保护和管控机制。在东北虎豹繁殖家域、定居区和关键迁移廊道实施最严格的保护措施。同时妥善处理东北虎豹栖息地保护与维护边境安全稳定、当地居民生产生活等关系，实现人与自然和谐共生、共同发展。

（4）政府主导，多方参与东北虎豹国家公园内全民所有自然资源资产的所有权由中央政府直接行使，地方政府行使辖区经济社会发展综合协调、公共服务、社会管理、市场监管等职责，配合做好生态保护工作。以中央政府投入为主，实行统一规范高效管理，保障东北虎豹国家公园生态功能和公共服务功能。继续秉承开放、合作、包容、共享等理念，积极引导原居住者在内的社会公众参与公园保护、建设与管理，形成全社会共建共管新模式。

（5）创新机制，引领改革创新体制机制，构建"归属清晰、权责明确、监管有效"的管理体制。协调推进国家自然资源资产管理、国有林区、国有林场等重点领域和关键环节改革，引领国家公园体制试点探索。

10.2.3 经营运行管理

2022年3月2日，长白山森工集团召开推进东北虎豹国家公园建设工作会议①，旨在加快构建起全过程闭环管理的制度体系，优化完善空天地一体化监测系统，尽快摸清监测体系布局情况，加大维护保障力度，并做好中华人民共和国国家发展和改革委员会（以下简称国家发展委）项目建设和调研评估准备工作。第一，要规范公园生产经营活动，开展本底资源调查，准确核实底数，进一步摸清核心保护区内的沟系承包经营活动情况。第二，要贯彻落实国家、省州关于人

---

① 长白山森工集团召开推进东北虎豹国家公园建设工作会议．（2022-03-03）. https://yb. cnjiwang. com/cs/202203/3529613. html.

虎互伤的重要指示批示精神，做好安全防范宣传、设立警示标识，不断提升应急处置能力，最大限度减少人与野生动物冲突。第三，要积极探索自然教育方式，在一般控制区内规划适当功能区域，旨在开展游人自然体验、生态教育和生态旅游等体验感较强的高品质自然教育活动。第四，要强化宣传教育，各单位要灵活运用多种媒体开展内容丰富、形式多样的主题宣教活动，结合重要自然生态类纪念日，举办主题鲜明的特色活动，扩大社会参与度。

10.2.4 资金管理

资金筹措与运行管理机制包括：

（1）政府投入：东北虎豹国家公园的建设是公益性事业，工程建设投入以中央投入为主。根据东北虎豹国家公园建设需要和财力状况，应加大东北虎豹国家公园基础设施建设、建成有利于野生动物保护的生态廊道、开展复合科研监测及生态保护补偿等方面的投入，建立同步增长机制。除了整合生态保护资金之外，中央财政还将加大重点生态功能区转移支付力度。同时，设立专项资金渠道支持东北虎豹国家公园建设。中央预算内投资和其他投资渠道对东北虎豹国家公园和为公园提供支撑服务的交通、供电、供水、通信、环保，以及医疗救护、宣传教育、科研监测等基础设施和公共管理设施建设予以倾斜支持。此外，地方财政也结合履行的职责加大对东北虎豹国家公园建设的支持。

（2）特许经营收入：东北虎豹国家公园内的经营活动实行特许经营制度。特许经营收入实行管理与经营严格分开，收支两条线管理，专门用于东北虎豹国家公园生态保护和民生改善。

（3）金融支撑：加大金融扶持力度，积极引导金融机构开发贷款期和宽限期长、利率优惠、手续简便、服务完善等适应林业特点的金融产品。完善面向林区的抵押贷款管理和风险保证金制度，建立健全林区担保收储平台。探索 PPP 等方式支持东北虎豹国家公园建设的途径和方法，拓宽融资渠道，加快建设进程。

（4）全社会筹集资金参与：国家东北虎豹国家公园资金来源多样，不仅国内面向社会开展社会企业、民间团体、个人等的捐赠资金，还有来自国际组织，包括联合国有关机构、自然保护国际组织、多边和双边援助机构和科技合作项目等的国外资助。

10.2.5 生态保护体系

1）科研监测体系

建设空天地一体化自然资源与生态监测平台，该平台由空天地一体化监测系统、监控系统构成。创新数据采集方式，拓宽数据获取渠道。整合现代通信、网络、人工智能等高新技术，运用有线无线融合网络、视频监控、自动传感、红外相机、振动光纤、无人机等技术手段，结合遥感卫星影像数据，实现对土地、森林、山岭、草地、湿地、野生动植物、水生生物、矿产等自然资源，水、土、气等生态因子，以及森林火险、人为活动等方面的实时监测和数据的实时传输。同时，充分利用现有各部门监测站点，形成密度适宜、功能完善的监测地面站点体系，建立全天候快速响应的空天地一体化监测系统。

2）保护与修复措施

建立东北虎豹种群的恢复扩散区，将扩散栖息地、迁移廊道等区域划归在内。恢复扩散区是东北虎、东北豹核心栖息地的向外扩散的关键区域，也是生态修复、提高栖息地质量和生态廊道的重点区域，在生态修复的同时加强管控。依据东北虎、东北豹繁殖区域的调整，恢复扩散区也在不断地进行动态调整，逐步将繁殖区调整为东北虎豹的核心保护区。恢复扩散区面积为 701 622hm²，占东北虎豹国家公园总面积的 47.01%。涉及人口 7083 户 16 687 人，占东北虎豹国家公园总人口的 18.34%。其中，村镇人口 2438 户 5857 人，林场人口 4645 户 10 830 人。允许以自然恢复为主，人工修复为辅，采取近自然的方式修复栖息地，培育次生林，改造人工林；允许对现有巡护道、防火道、瞭望塔进行改造修复；允许利用现有国有林场设施改建管护站等设施。禁止形成人口、居住点增量，禁止散养放牧、养蛙、种参、采集松子等生产经营活动；禁止设置生态旅游、生态体验等活动，保持东北虎豹栖息地稳定，促进东北虎豹种群数量增长。

10.2.6　社会与公众参与

推动东北虎豹国家公园当地居民生产生活方式转型。合理设置公益岗位，安置当地居民从事自然教育、生态体验以及辅助保护和监测等工作。对传统利用方式进行优化，制定产业准入清单，探索虎豹栖息地已设矿业权退出机制，扶持发展替代生计。制定特许经营和品牌授权制度，引导社区健康、稳定发展。设置生态管护公益岗位和社会服务公益岗位，优先安排国有林区林场改革分流职工、退耕禁牧农民、建档立卡贫困人口担任，使其在参与东北虎豹国家公园生态保护和运营管理中获益。

为了控制家畜随意散养上山，同时减少东北虎豹对村民生产生活的影响，在东北虎豹经常出没的人口集中居住区，通过在村庄周围设置生物隔离带、电子围栏等设施将村庄保护起来，有效防范野生动物的袭扰。其次，开展牲畜舍饲圈养工程，集约化利用土地，限制家畜进入东北虎豹栖息地，降低畜牧等人类活动与东北虎豹等野生动物之间的冲突。最后，建立灾害、医疗等救助应急体系，制定应急预案，建设应急避难场所，并配备必要的设备，确保社区安全。

开展具有东北虎豹特色的自然教育体验活动，有助于促进公众形成珍爱自然、保护东北虎豹的意识与行为，推动公民生态道德建设。东北虎豹国家公园试点期，以开展自然教育活动为主，为今后开展生态体验奠定了基础。

10.2.7 科研平台

1）人才队伍

为确保东北虎豹保护工作的持续发展，必须加强从业人员的能力建设。加强人才培养，制订培训计划，不断提高从业人员的专业技术水平和能力，确保工程建设的顺利实施。

根据东北虎豹国家公园的发展和目标，以供需缺口为导向发展人才。高素质管理人员包括科普宣教、野生动物救治、项目管理、生态体验管理等方面专业管理人员。通过人才队伍的优化、人才总量的储备和培养，完善人才的培训机制，建设结构优化、素质优良的人才队伍，进一步实现对国家公园从业人员的持续培训，为东北虎豹国家公园的管理和发展提供高素质人才。

2）科研合作

依托国家林业局东北虎豹监测与研究中心、猫科动物研究中心、生态监测评估中心等现有国家级相关研究平台，汇集国内外科研院所、大专院校等学术力量，推动东北虎豹相关领域的重点研究，包括设计和研发，实现自然资源与生态监测平台的空天地一体化的资源生态监测，开展东北虎豹种群及实时动态监测、猎物种群、栖息地和生态廊道、虎豹项圈追踪等基础生态学研究，以及东北虎豹和野生动物疫源疫病等研究。

加强科研队伍建设，对东北虎豹国家公园管理人员和基层科研人员开展业务培训，为东北虎豹国家公园建设发展提供技术支撑。同时，加强与国内外专家学者密切合作，构建东北虎豹国家公园科技支撑体系。

10.3 监督与评估机制

10.3.1 监督机制

（1）考核监管机制：由东北虎豹国家公园管理局委托第三方咨询机构，依据东北虎豹国家公园监督管理指标体系，结合《东北虎豹国家公园年度工作报告》对东北虎豹国家公园管理和发展状况进行评估，以评估结果强化绩效考核。国家有关部门统筹协调和监督检查。吉林省和黑龙江省依据东北虎豹国家公园管理局建立的社会合作监督机制，加强对东北虎豹国家公园生态系统状况、环境质量变化的监管，强化绩效考核。建立领导干部自然资源资产离任审计和责任追究制度，重大事项及时向党中央、国务院报告。

（2）社会监督机制：健全信息公开、管理公开、项目公示等制度，搭建公开透明的信息平台，及时向社会发布有关信息。建立举报制度和权利保障机制，保障社会公众的知情权、监督权，不断提升东北虎豹国家公园的社会化管理水平。在东北虎豹国家公园运营管理、项目招投标和工程实施、重大决策以及资金使用等方面，接受社会监督。2018年3月9日，国家林业局《东北虎豹国家公园总体规划（征求意见稿）》面向社会公开征求意见，为保证未来野生种群扩散，将疏通虎豹迁移扩散生态廊道。

（3）国家公园分为两个保护层级管控区，即核心保护区和一般控制区（表10-1）[1]。所谓核心保护区指的是区域内主要河流的源头地段，以及重要的汇水区、集中连片的生态环境稳定区域，如湿地、典型的植被灌丛林区、脆弱的草原和草场区等。再者，珍稀濒危物种种群的主要栖息地及生态廊道等区域，也通常划为核心保护区[2]。核心保护区内禁止人为活动，除了必要的民生设施、国防安全设施以及科研监测设施等，核心区域内禁止开展各类开发活动，如工业化、城镇化等各类开发项目、其他工程建设活动。同时，公园内现有的资源攫取性项目必须尽数撤出，如公园内现有的各类伐木、采矿、挖沙等。对公园内现有居民点及村落保证原数量不增的前提下，实施当地居民生态搬迁优先，实施全面禁牧、垦地[3]。不划进核心保护区的其他区域则划为一般控制区，主要起到对核心区压力的缓冲和承接作用。

表 10-1　东北虎豹国家公园分区概况[4]

功能分区	面积/km²	比例/%
核心保护区	627 605	42.05

① 刘超. 国家公园分区管控制度析论. 南京工业大学学报（社会科学版），2020，19（3）：14-30，111.
② 唐小平. 国家公园规划制度功能定位与空间属性. 生物多样性，2020，28（10）：1246-1254.
③ 张壮，赵红艳. 祁连山国家公园试点区生态移民的有效路径探讨. 环境保护，2019，47（22）：32-35.
④ 东北虎豹国家公园总体规划（2017—2025年）（征求意见稿）.（2018-03-09）. https://www.forestry.gov.cn/uploadfile/main/2018-3/file/2018-3-9-599430e5ec1249bab08927453227ff14.pdf.

功能分区	面积/km²	比例/%
特别保护区	91 810	6.15
恢复扩散区	701 622	47.01
镇域安全保障区	71 563	4.79

10.3.2 评估体系

评估体系针对东北虎豹国家公园发展的总体目标和利益，构建用于反映东北虎豹国家公园管理水平和发展状况的监督管理指标体系和评估体系。考核自然资源保护、东北虎豹保护、社区发展、管理保障和反向约束五方面的一级指标以及与其相关的二级指标（表 10-2），对东北虎豹国家公园的生态系统状况和环境质量变化进行评价。

表 10-2　东北虎豹国家公园监督管理体系

一级指标		二级指标		考核内容指标
序号	指标	序号	指标	
一	自然资源保护	1	林地保有量	面积增加、平衡或减少
		2	湿地面积	面积增加、平衡或减少
		3	重点保护野生动植物	种群数量增加、平衡或减少
		4	人为干扰影响面积	面积增加、平衡或减少
二	东北虎豹保护	5	东北虎种群	种群数量增加、平衡或减少
		6	东北豹种群	种群数量增加、平衡或减少
		7	猎物种群	种群数量/密度增加、平衡或减少
		8	东北虎豹栖息地	栖息地质量提高、平衡或降低
		9	东北虎豹迁移廊道	廊道连通程度
三	社区发展	10	特许经营	特许经营范围、是否完善管理
		11	人口与岗位安置	人口是否按计划减少、岗位是否按计划设置
		12	生态体验与自然教育	是否按计划开展
		13	传统利用优化	是否按计划开展、开展效果

一级指标		二级指标		考核内容指标
序号	指标	序号	指标	
四	管理保障	14	宣教培训	管理人员、群众、公益岗位从业人员及访客教育培训普及面
		15	资源与生态监测	是否按计划开展、覆盖面积
		16	信息公开与公众参与度	公开渠道是否多样、参与程度
		17	政绩考核	生态保护占政绩考核比例
五	制度建设	18	《东北虎豹国家公园条例》	是否制定
		19	《东北虎豹国家公园管理办法》	是否制定实施
		20	《东北虎豹国家公园自然资源资产管理办法》	是否制定实施
		21	《东北虎豹国家公园特许经营管理办法》	是否制定实施
六	反向约束	22	矿产资源开发	是否发生、责任追究
		23	毁林事件	是否发生、责任追究
		24	野生动物乱捕滥猎事件	是否发生、责任追究

10.4　经验与启示

1）东北虎豹国家公园建设对林业居民收入的影响层面

东北虎豹国家公园的建立对国家公园保护区内生产经营活动进行了严格的规定，以林业收入为主的家庭经济来源受到较大影响，在公园核心保护区内及恢复扩散区周边的林业居民只能进行养蜂为主的生产经营。在镇域安全区的林业居民也只能从事符合国家公园保护要求的生产经营活动。但值得注意的是，东北虎豹国家公园在进行生态保护的同时还会优先考虑到居民的民生问题，设立了9650个野外巡护类生态岗位、735个森林抚育类管护岗位和247个资源监测类岗位，原属于国有林区的职工全部纳入东北虎豹国家公园公益岗位。同时，公园还会积极利用生态体验、特许经营、第三产业等方式，促进公园内绿色产业的发展，但这些岗位多为劳动密集型，更容易吸纳男性劳动力，也就是说家庭的男性户主更容易转型参加此类经营或受聘于上述岗位。曾培等基于2018～2019年"重点国有林区改革民生监测"调查项目的调研数据，应用双重差分模型（DID）评估了东北虎豹国家公园的建立对林业居民收入的影响。研究显示，东北虎豹国家公园的建立对林业居民家庭总收入和家庭工资性收入无显著的消极影响，由于东北虎豹国家公园的建立将新增加就业岗位，使得林业家庭户主的收入显著提高。在这种的背景之下，国家公园区域内当地林业居民可以发挥政策允许下的主观能动性，依托政府层面的扶持与引导和东北虎豹国家公园的品牌特色优势，开展合理创收，以提高生活水平。曾培等通过研究提出如下建议：①拓宽林业家庭除户主外其他成员的就业途径。目前，东北虎豹国家公园为安置居民所提供的就业岗位大多更适宜成年男性，而家庭中的其他成员却面临着失业的风险，这意味着虽然户主可能得到了妥善的安置，收入有所提高，但对于家庭来说，总收入仍然有下降的风险。针对这些群体需要提供更多的就业机会，公园核心保护区等区域允许发展养蜂业，可以借鉴武夷山国家公园茶叶品牌的发展模式，依托东北虎豹国家公园的生态优势及品牌优势，充分吸纳妇女及中老年人从事养蜂业。同时，增加对当地居民的职业培训，拓宽居民的就业路径。②加快国家公园入口社区的建设以及必要地区生态搬迁的进度。不少林业居民居住地位于东北虎豹国家公园的核心保护区等东北虎豹保护工作的关键区域，这些区域对生产经营活动又有严苛的限制，这极大地束缚了当地林业居民的收入来源。但目前入口社区建设工作还较为缓慢，生态搬迁并未落实到位。因此，在政府层面应该加大工作力度，推进东北虎豹国家公园入口社区的建设以及必要地区生态搬迁工作的进程。③推进特许经营制度的改革。特许经营是公园创收的重要途径，也是林业居民提高收入的一个手段。东北虎豹国家公园的建设应该在保证公园权益的前提下给予林业居民充分的经营权，创新经营形式，调动林业居民投入特许经营中的积极性。充分吸取国内外国家公园特许经营的成功模式，在制度设计上为居民收入增加打好基础。④促进传统产业转型及发展方式的转变。地方政府要发挥扶贫资金的最大效用，推广已经成功的产业发展模式，如"国家公园+地方政府+龙头企业+养殖户"的黄牛养殖模式。促进发展方式转变，依托已有的资源优势，引进国内知名企业，发展产业集群，壮大林区经济，带动当地居民增收致富。

2）加强对野生动物相关保护区的跨领域、跨境的合作，并借鉴成功经验开展示范引领

早在 2018 年东北虎豹国家公园与全球环境基金会（GEF）、世界自然基金会（WWF）合作开展生态廊道建设、管理人员培训、公众参与和环境教育、生物多样性保护、志愿者环保公益活动。与世界自然基金会合作，共同举办三届中国东北虎栖息地巡护员竞技赛，竞赛内容全面涵盖法律法规特别是在野外竞技环节，强调从难、从严、从实战出发，包含巡护工作的各个环节，有足迹识别、野外跟踪、相机假设、GPS 使用及信息分析等，不断改进模拟猎具的仿真性，提高巡护员对隐蔽猎具的搜寻能力。2020 年，巡护员竞技赛参赛队伍已扩充至 18 支，其中包括俄罗斯豹之乡公园代表队，竞技水平不断提高，社会影响持续扩大，网络传播量达到上亿级水平。建立跨界保护地是东北虎豹国家公园的重要目标，东北虎、东北豹能否成功跨国界迁移扩散关系到虎、豹种群能否在虎豹国家公园长期稳定地繁衍。东北虎豹国家公园与俄罗斯豹之乡国家公园建立沟通合作机制，旨在三年内实现野生动物迁徙繁殖的国际通道，多年以来的相机监测数据和监测结果显示中俄间虎豹扩散存在北部、中部、南部三个通道，通道范围内成年虎、豹大多跨国分布，这项合作树立了野生动物跨国保护国际合作典范。另外，东北虎豹国家公园还与中国绿化基金会建立生态保护合作关系，开展"与虎豹同行"活动。

3）加大人才吸引力度，加强人才培训，搭建合作平台①

改善条件，稳定队伍，进一步改善工作环境、生活条件及待遇，留住人才；提供有吸引力的政策，引进高素质人才，充实队伍，鼓励社会管理人员、技术人员和科研人员等到东北虎豹国家公园工作。制定人才培训计划，对相关人员进行培训。采取"请进来送出去"的办法，有计划地培养人才，提高野生动植物保护技术、巡护监测技术、野生动物救护、东北虎豹国家公园管理等业务水平和整体素质。

通过考察、学术交流、教学实验及科研项目合作等途径搭建合作平台，加强与国内外科研院所、高等院校科研人员的交流，鼓励大专院校参与东北虎豹国家公园的规划设计，共同开展科研监测和科学研究，实现社区共建等。

---

① 东北虎豹国家公园总体规划（2017—2025 年）（征求意见稿）.（2018-03-09）. https://www. forestry. gov. cn/uploadfile/main/2018-3/file/2018-3-9-599430e5ec1249bab08927453227ff14. pdf.

第11章 | 武夷山国家公园

武夷山国家公园是我国首批公布的 10 个国家公园试点之一，是 2021 年 10 月习近平总书记在联合国《生物多样性公约》第十五次缔约方大会领导人峰会上宣布的我国正式设立的五个国家公园之一。武夷山国家公园大部分位于福建北部，一小部分位于江西东部，跨越江西、福建两省，总面积为 1280km²①，主要包括武夷山国家级自然保护区、武夷山国家级风景名胜区和九曲溪上游保护地带。武夷山国家公园被认为是世界同纬度地带保存最完整、最典型、也是面积最大的中亚热带森林生态系统，是福建母亲河闽江的重要源头②，这里有大量的珍稀特有野生动物，被称为是野生动物基因库。同时，它也是儒释道并存、人文荟萃的地方。此外，该区域还是世界丹霞地貌的核心区。

继我国在 2015 年出台《建立国家公园体制试点方案》之后，2016 年 6 月，国家发改委批复《武夷山国家公园体制试点区试点实施方案》，武夷山国家公园体制试点工作正式开始实施。经过多年的探索，在管理体制机制、监督与评估体系等方面主要取得了以下进展和经验。

（1）试点以来，武夷山国家公园对园区内各级各类自然保护地及相应管理机构进行整合，组建了福建省政府垂直管理的武夷山国家公园管理局，并在试点期内委托福建省林业局代管。其间，武夷山国家公园管理局将国家公园范围内区域统一以独立单元进行登记，开展了自然资源统一确权登记，将全民所有和集体所有土地之间的边界划清管理。明确执法主体，由武夷山国家公园管理局下设的执法支队统一行使园区内资源环境综合执法职责。

（2）建立健全省级统筹联席会议机制、省市县协同推进落实机制、乡村联动共商共建机制，实现省、市、县、乡四级联动，明确主体责任、理顺权责划分。选聘 25 名社会监督员，针对园区内自然、人文等资源及生态环境保护与管理等工作开展监督。同时，省市建立领导干部离任审计制度，并将在任期间的生态环境保护与管理工作的审计结果作为党政领导干部考核、任免、奖惩的重要

---

① 福建武夷山国家公园简介．（2022-12-26）．http://wysgjgy. fujian. gov. cn/gygk/gyjj/201708/t20170821_5511563. htm.

② 李想，郑文娟．国家公园旅游生态补偿机制构建：以武夷山国家公园为例．三明学院学报，2018，35（3）：77-82.

依据。

（3）出台《武夷山国家公园总体规划及专项规划（2017—2025 年）》《环武夷山国家公园保护发展带总体规划（2021—2035 年）》等一系列涉及生态保护、科研监测、科普教育、生态游憩、社区发展等方面的规划，为保护发展提供依据。初步完成国家公园试点区的自然资源本底调查，持续完善科研监测设备等基础设施，加强国家公园内的水资源、土地土壤、大气、生态等环境要素的动态监测。持续对茶山和"两违"等行为进行专项整治行动，全面禁止林木采伐，并已完成生态搬迁 52 户。成立闽赣两省联合保护委员会，与毗连的江西武夷山国家级自然保护区开展跨境协同巡查、宣传等活动，推动实现武夷山生态系统完整性保护。

（4）吸纳园区内居民 137 人作为公园生态管护员、哨卡工作人员。采取多种形式引导社区、居民、企业等利益相关方参与重要政策制定。与有关林权单位签订辖区内生态公益林、天然林和商品林管护协议，实现集体林 100% 管控。出台了《武夷山国家公园特许经营管理暂行办法》[①]，将九曲竹筏、观光车、漂流等纳入特许经营范围规范管理。同时，引导村民发展森林人家、民宿等乡村旅游、开展丰产毛竹培育，有效拓宽农民增收渠道。鼓励引导开展生态茶园改造，建设茶-林、茶-草混交茶园 4000 多亩，提高武夷山岩茶品质和茶产业经济效益，促进茶农持续稳定增收。通过落实生态效益补偿、开展重点区位商品林赎买、创新森林景观补偿、探索经营管控补偿以及将园内省级以上生态公益林纳入自然灾害保险等，丰富生态补偿方式，提高当地林业收入。

（5）出台《武夷山国家公园条例（试行）》，制定武夷山国家公园科研监测、资源保护等 11 项配套管理制度和武夷山国家公园管理、生态监测等 13 个规范标准。统筹中央、省及地方财政投入资金共计 7.02 亿元，全力保障体制试点。累计招录、调入工作人员 23 名，福建省林业局选派 41 名业务骨干先后开展三轮"百日攻坚"行动，破解改革难点、突破发展瓶颈。扎实推进勘界立标工作，进一步明确边界范围。加强园区科研监测、巡护巡查、办公场所、执法装备等投入，为日常资源保护管理提供保障。

（6）开通武夷山国家公园门户网站、微信公众号，免费开放公园宣教馆、博物馆、机关宣教室和执法宣教室，广泛开展自然教育[②]。通过制发一封信、一本书、一画册、一部片，在高铁专列、电视台等平台通过国家公园宣传和天气预

---

① 胡媛. 论国家公园特许经营活动的法律性质. 昆明：昆明理工大学，2020.
② 赵明，林国櫻. 国家公园环境教育知识体系研究：以武夷山国家公园为例. 闽江学院学报，2019，40（1）：59-68.

报等方式，大力传播国家公园理念，培育国家公园文化。通过完善朱熹园、春秋馆，提升"岸上九曲""绿野仙踪""岩骨花香"漫游道，丰富珍稀植物园、生态文化长廊等室内外宣教设施，让承载保护生态环境的国家公园深入人心，建成多层次、广覆盖的教育展示平台[①]。

11.1 国家公园概况

11.1.1 基本概况

2016年6月，国家发改委批复《武夷山国家公园体制试点区试点实施方案》，将武夷山国家公园设立为我国首批五个国家公园之一，规划总面积为1001.41km²。其中，核心保护区为505.76km²，一般控制区为495.65km²。2021年9月，国务院批准正式设立武夷山国家公园[②]，将江西片区的279km²区域纳入武夷山国家公园范围，总面积达1280km²，整体分布于闽赣交界武夷山脉北段，涉及福建省、江西省2省，南平市、上饶市2市，武夷山市、建阳区、光泽县、邵武市、铅山县5县（市、区）12乡（镇），其中福建省域内面积为1001.41km²，占总面积的78.2%。武夷山国家公园涵盖了世界文化和自然遗产地、国家级自然保护区、国家级风景名胜区、国家森林公园等多个自然保护地类型。其主要保护对象为中亚热带森林生态系统和世界文化与自然遗产，包括国家重点保护野生动物57种，特有野生动物59种。

武夷山国家公园位于我国中亚热带地区，基本囊括了该区域的所有植被类型[③]，有浙闽赣山地地区最具代表性的以原生性常绿阔叶林为主体的森林生态系统，是世界同纬度最典型的原生性中亚热带森林生态系统[④]。此外，武夷山地区还是我国的世界文化与自然双重遗产区域，包括朱子理学以及我国佛教和道教的发源传承地，还有很多非常独特的自然景观，比如九曲溪、丹霞地貌、武夷大峡谷等。[③]

武夷山国家公园是我国东南部的野生动植物宝库、生物多样性优先保护区域

---

① 谢利民. 武夷山国家公园体制改革的思考. 福建林业，2023，(1)：30-33.
② 中华人民共和国国家发展和改革委员会. 国家公园体制试点进展情况之六——武夷山国家公园. (2021-04-23). https://www.ndrc.gov.cn/fzggw/jgsj/shs/sjdt/202104/t20210423_1277175.html？code=&state=123.
③ 国家林业和草原局（国家公园管理局）. 武夷山国家公园. 旗帜，2022，(7)：58-59.
④ 田新元. 保护和发展兼容 人与自然和谐共生. 中国经济导报，2022-05-31 (5).

之一，也是众多古特有种子遗物种的避难所和集中分布地①。武夷山国家公园的设立不仅整合了风景名胜区，还将九曲溪光倒刺鲃国家级水产种质资源保护区和国家森林公园等不同类型的保护地进行了整合。在地域上，武夷山国家公园横跨福建、江西两省，是我国唯一一个既是世界生物圈保护区，又是世界文化与自然双遗产的国家公园。这里的中亚热带原生性森林生态系统是世界同纬度带保存最完整、最典型以及面积最大的中亚热带森本生态系统，也被誉为"世界生物模式标本产地""天然植物园"和"珍稀、特有野生动物的基因库"②。据统计，目前有高等植物292科2829种，其中包括国家一级保护野生植物4种、国家二级保护野生植物67种；野生动物达7407种，其中包括国家一级保护野生动物18种、国家二级保护野生动物84种，两栖类和爬行类动物资源丰富。此外，武夷山国家公园还拥有约6849种昆虫，占我国昆虫种数的五分之一，也被中外生物学家誉为"昆虫的世界"③。

11.1.2 建立历程

2015年，我国出台《建立国家公园体制试点方案》，计划启动国家公园体制试点④。按照《国家公园体制试点方案》，编制完成《武夷山国家公园体制试点区试点实施方案》，并上报国家发改委。与此同时，武夷山市抽调景区、保护区、市政府相关人员成立了武夷山国家公园试点筹备组和对接办公室，推动国家公园试点筹备工作。

2016年6月17日，《武夷山国家公园体制试点区试点实施方案》获国家发改委批复，同意福建省开展武夷山国家公园体制试点工作。试点区范围规划总面积为1001.41km²，涉及4个县（市、区）、9个乡（镇、街道）、29个行政村，包括武夷山自然保护区、武夷山风景名胜区及中间过渡地带等自然保护区，以及风景名胜区、双世遗保护地、国家森林公园、九曲溪光倒刺鲃国家级水产种质资源保护区五个保护地类型。

2017年3月12日，福建省委机构编制委员会发布《中共福建省委机构编制委员会关于武夷山国家公园管理局主要职责和机构编制等有关问题的通知》。根据通知，成立武夷山国家公园管理局，作为福建省政府直接管理的正处级行政机

① 国家林业和草原局（国家公园管理局）. 武夷山国家公园. 旗帜，2022，（7）：58-59.
② 蓝明红. 武夷山国家公园启示录. 绿色中国，2020，（21）：54-59.
③ 陈永香，赵勤恩. 武夷山国家公园：护碧水丹山建共生家园. 中国自然资源报，2022-03-14（3）.
④ 林敬志. 武夷山国家公园试点体制运行的思考. 旅游纵览（下半月），2018，（6）：106-107.

构①，赋予武夷山国家公园管理局管理自然资源、保护生态以及规划建设等方面的主要职责，将原本由武夷山风景名胜区管委会负责的职能，划归到武夷山国家公园管理局下。景区方面，将武夷山风景名胜区更名为武夷山风景名胜区旅游管理服务中心，主要负责景区的旅游服务。此外，将景区执法大队的自然资源保护和管理方面的执法权划归给了新成立的武夷山国家公园执法支队，而景区执法大队则保留了与旅游市场监管有关的执法职责。这一调整旨在更好地协调地区资源的保护和管理，同时也对地方旅游市场进行更加有效的监管。

2017 年 11 月 24 日，《武夷山国家公园条例（试行）》正式通过，并定于2018 年 3 月 1 日开始实施。这一条例的颁布实施标志着在武夷山地区的管理和保护措施迎来了新的阶段。该条例旨在确保武夷山的可持续发展，并强调了保护自然环境和促进地方社会经济发展的平衡。通过设立新的法律框架，该地区将在管理和规范方面进行更具体和深入的努力。

2021 年 9 月，武夷山国家公园获国务院批准正式设立。

11.1.3 自然禀赋

武夷山国家公园所在区域属于亚热带季风气候，年降水量在 1400～2100mm，年均气温为 12～18℃，最低温可达－5℃，无霜期大约在 250～270 天，相对湿度保持在 78%～84%。该区域地理上位于丘陵地带，主要由红色砂砾岩构成，形成了典型的丹霞地貌。武夷山国家公园有多种稀有和濒危物种的栖息地，生物多样性丰富，有超过 5000 种动物，包括哺乳动物、鸟类、爬行动物、两栖动物、鱼类和昆虫。国家公园内的中亚热带常绿阔叶林带按照海拔由低到高，分布着常绿阔叶林、针阔叶混交林、针叶林和高山草甸等。目前，武夷山国家公园种子植物多达 1206 种，其中裸子植物为 7 科 12 属 14 种，被子植物为 138 科 551 属 1192 种。因此，武夷山国家公园被誉为"珍稀动植物的基因库""两栖爬行动物的关键地区""鸟类天堂"以及"昆虫王国"。

历经千百年的历史演变，武夷山形成了独特的人文景观和丰富的历史文化遗产。古越文化、闽越王城等文化在这里留下了深刻的痕迹②。与此同时，理学文化、茶文化、宗教文化也深深根植在这里。武夷山国家公园既具有丰富的文化遗产，拥有许多文物保护单位，以及丰富的摩崖石刻和宫观寺庙遗址。这里的紫阳书院和距今 4000 多年的架壑船棺等历史遗迹都是独特的文化象征。武夷山国家公园管理局致力于保护文化遗产，采取了一系列措施来保护和利用这些资源，包

① 林敬志．武夷山国家公园试点体制运行的思考．旅游纵览（下半月），2018，(6)：106-107.
② 黄海．武夷山国家公园 总书记到了这里．绿色中国，2021，(7)：15-17.

括制定规范性文件、修复古迹，以及明确文化载体等①。

武夷山地区是我国著名的茶种植基地，闻名遐迩的铁观音茶以及多种岩茶、大红袍、正山小种等诸多名茶都产自于此，武夷山核心区特别适合岩茶类的生产。因此，武夷山是中国乃至世界的茶山鼻祖。随着武夷山国家公园的建设，包括生态旅游、茶产业和竹业等多项发展措施的实施，正在努力发展生态旅游，致力于生态产品价值实现，成为践行"绿水青山就是金山银山"的生动案例。

11.2　管理体制与运行机制

11.2.1　管理体系

根据国家公园保护要求，武夷山国家公园已被分为核心保护区和一般控制区两个管理区域，这些区域的划分旨在平衡保护与人类活动之间的关系。核心保护区内原则上限制人为活动，以确保生态系统的完整性。而在一般控制区内，人为活动虽然受到一定限制，但其旨在有序引导并保障国家公园内已有的人类活动，同时有效降低对环境的潜在风险②。

为实现有效管理，武夷山国家公园在整合现有自然保护区管理局和风景名胜区管委会职责的基础上，成立了由福建省政府直接管理的武夷山国家公园管理局。在自然资源统一确权中，将武夷山国家公园作为独立的登记单元。执法主体方面也得到了明确，武夷山国家公园管理局设立了执法支队，负责园区内资源环境综合执法职责，这标志着实现了从"碎片化管理"向"统一管理"的过渡③。

近几年，通过国家公园体制机制建设，武夷山国家公园建立了高效的行政管理新体制。在管理体制上，建立了"管理局—管理站"的两级管理模式，实现了统一、垂直、高效地管理（图11-1）。在职责分工上，通过明确管理局、地方政府和省直有关部门的权责，将之前模糊、重叠的管理职责清晰化和协同化。在资源管护方面，通过统一确权登记和保护管理，同时强化跨省协作，资源管理实现了一体管理、联合管护的新格局④。

---

① 张志国. 探秘武夷山国家公园. 绿色中国，2021，（17）：56-59.

② 许杰玉，毛磊，郑婷婷，等. 环国家公园地区生态保护规划研究：以环武夷山国家公园保护发展带为例. 环境生态学，2022，4（12）：31-36.

③ 陈松声，李泽民. 武夷山国家公园管理体制试点探索. 中国机构改革与管理，2017，（11）：21-22.

④ 林雅秋. 生态管护新模式　开启绿色新篇章. 绿色中国，2020，（16）：48-49.

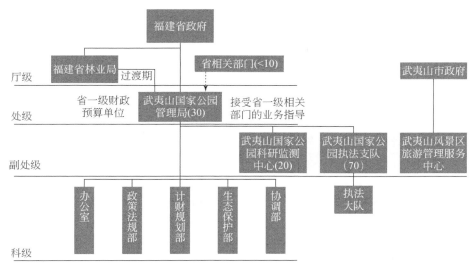

图 11-1　武夷山国家公园管理局机构设置图①

　　福建省在武夷山国家公园相关机构整合和设立的过程中，遵循"人随事走、编随人走"的原则，根据职责将相关事业单位组建形成武夷山国家公园管理局②。首先是整合组建武夷山国家公园管理局。通过福建省调配以及从原武夷山风景名胜区管委会划转，根据规定核定编制和综合设置内设机构，组建形成新的武夷山国家公园管理局。其次是整合组建执法队伍。新组建的武夷山国家公园执法支队全部来自原自然保护区管理局，承担武夷山国家公园内相关行政执法任务。此外，此前隶属于福建省林业厅森林公安局的武夷山国家级自然保护区森林分局改编形成武夷山国家公园森林分局，负责整个国家公园涉林刑事和治安案件的调查，在生态环境保护和执法方面也将与武夷山国家公园管理局的执法团队协同开展工作。最后在科学研究建设方面。依托武夷山国家森林公园管理处相关科研监测团队、森林病虫防治检疫中心、世界遗产监测中心等单位，成立了武夷山国家公园科研监测中心，进行国家公园科学研究、环境监测、科普宣教、宣传推广等方面的工作③。

　　武夷山国家公园的范围涉及多个市、县（区），各个行政区划之间需要进行

　　① 廖凌云，范少贞，董建文，等．武夷山国家公园体制试点区的社区参与模式评述．福建林业，2020，（4）：45-48.

　　② 熊慎端，原旭东．保护绿水青山实现天人合一：武夷山国家公园全力推进生态保护纪实．福建林业，2020，（2）：11-14.

　　③ 陈松声，李泽民．武夷山国家公园管理体制试点探索．中国机构改革与管理，2017，（11）：21-22.

复杂的调配、管理和保护工作，在国家公园管理局的统一协调下，积极创新工作机制，努力构建多方参与、协同推进、共同管理和共享成果的新格局①。首先，在健全协调机制方面。武夷山国家公园管理局设立联席会议制度，主要协调解决保护管理工作中的重大问题，并在国家公园管理局内设协调部，与范围内各县（市、区）建立工作协调机制，共同研究解决各县（市、区）之间以及产业发展和公众关系。其次，在协同保护方面。新设立武夷山国家公园联合保护委员会协调各级政府和林业部门，根据行政区划设立了五个联合保护分会，将自然保护区和林场纳入联合保护体系，建立联合保护机制，共同制定并实施国家公园的保护规范、公约、章程等有关制度，定期会商协调解决生态环境保护问题。最后，在公众参与方面。鼓励选任当地村民成为检查哨卡人员、护林员、后勤服务人员等，引导和支持村民保护生态资源环境的积极性。

经过近几年的努力，在中央政府的有序布局下，武夷山国家公园正在全面改革治理体系，实现从分散到统一高效的管理模式。通过最严格生态系统保护和管控，达成了生态系统的顶级保护。同时，探索将生态产业与经济社会相融合的发展模式②，引领发展方式的深刻变革，实现人与自然的和谐共生。这为南方集体林区建设国家公园提供了可借鉴、可推广的经验③。

（1）形成了新的管理机制：成立省直管的武夷山国家公园管理局，将国家公园内相关的世界文化与自然遗产地、国家级自然保护区、国家级风景名胜区、国家森林公园、国家级水产种质资源保护区等多种类型的保护地统一管理。建立了"管理局—管理站"的两级管理体制，管理站的站长由相关地区的乡（镇、街道）长兼任，以确保统一、垂直、高效地管理。

（2）实现了制度创新：颁布了《武夷山国家公园条例（试行）》，制定了1个总体规划和5个专项规划，同时设立了11个资源保护管理制度和12个生态监测管理规范。组建形成武夷山国家公园执法支队，制定标准统一的资源环境管理行政处罚和联动执法规定，实现了管理的规范化、标准化和精细化。

（3）探索出新的保护途径：将武夷山国家公园划分为核心保护区和一般控制区，实行不同的管理模式。建设空天地一体化监测平台，探索购买社会化服务来保护资源，对违规建设和开垦茶山进行行政处罚和联动执法，努力构建管理智

① 蔡华杰. 国家公园建设的政治生态学分析：以武夷山国家公园体制试点为例. 兰州学刊，2020，(6)：23-33.
② 何思源，苏杨. 武夷山试点经验及改进建议：南方集体林区国家公园保护的困难和改革的出路. 生物多样性，2021，29（3）：321-324.
③ 人民日报. 武夷山国家公园 打造国家公园建设的"武夷样本". (2021-03-05). https://culture-travel.cctv.com/2021/03/05/ARTIamjR3pIThxpgtjHPvcwj210305.shtml.

能、管控严格和责任明晰等的自然生态系统管理和保护新模式。

（4）发展出了新的经营策略：武夷山国家公园致力于发展生态茶业和生态旅游业等富民产业。颁布了《武夷山国家公园特许经营管理暂行办法》和《建立武夷山国家公园生态补偿机制实施办法（试行）》①，在产权明晰的基础上，开展商品林的收储，提高了林权所有者的补偿标准，实施农村地区环境综合整治项目，解决了居民生活污水和垃圾污染的问题，建立了农村生活区域卫生保洁长效机制，实现了机制活、产业优、人民富、生态美的目标。

（5）总结出生态保护的新理念：通过多种宣传渠道，打造了一个全方位的国家公园宣传阵地。依靠国家公园的生态优势，加强生态保护宣传，广泛开展了自然教育和志愿服务活动，增强公众参与积极性，推动了人与自然和谐共生的生态文明新理念和新风尚的形成②。

11.2.2　法律与规划体系

2016 年 6 月，《武夷山国家公园体制试点区试点实施方案》获国家发改委批准通过，至此，武夷山国家公园体制试点的重点工作主要放在管理体制的整合上。在结合自身基本情况下，武夷山国家公园管理局通过创新型的探索和过渡，相继发布了《武夷山国家公园条例（试行）》《武夷山国家公园管理局行政权力清单》《武夷山国家公园特许经营管理暂行办法》和《武夷山国家公园总体规划（2017—2025 年）》，制定了多项管理制度和规范标准，建立了规范完善的公园治理新体系，实现了依法治理公园的目标。

11.2.2.1　规划体系

2005 年，福建省出台《福建武夷山国家森林公园总体规划》③，武夷山市发布《武夷山市土地利用总体规划（2006-2020 年）》，2012 年福建省发布《福建武夷山国家级自然保护区总体规划（2011—2020 年）》，2013 年出台《福建武夷天池国家森林公园总体规划》，2016 年发布《武夷山国家公园体制试点区试点实施方案》《武夷山市"十三五"综合交通运输发展专项规划》《武夷山市"十三

---

① 福建省人民政府办公厅关于印发建立武夷山国家公园生态补偿机制实施办法（试行）的通知. http://zfgb. fujian. gov. cn/9016.

② 人民日报. 武夷山国家公园 打造国家公园建设的"武夷样本". （2021-03-05）. https://culture-travel. cctv. com/2021/03/05/ARTIamjR3pIThxpgtjHPvcwj210305. shtml.

③ 武夷山国家公园总体规划及专项规划（2017—2025 年）. （2019- 12- 15）. https:// lyj. fujian. gov. cn/zfxxgk/zfxxgkml/ywwj/nslpy/201912/t20191231_5171944. htm.

五"现代农业发展专项规划》，2017 年出台《武夷山市"十三五"环境保护规划》和《武夷山市城市总体规划（2016—2030 年）》。

2019 年，武夷山国家公园管理局联合国家林业和草原局昆明勘察设计院发布《武夷山国家公园总体规划（2017—2025 年）》，是以保护武夷山重要自然生态系统及文化资源为基本任务的国家公园总体建设规划，是国家公园在规划期间建设与发展的总体部署和建设纲领。在规划范围内进行的有关国家公园建设、管理及经营活动，均应与本规划内容相符。

2020 年，福建省林业局、福建省发展和改革委员会和福建省自然资源厅联合发布了《武夷山国家公园总体规划及专项规划（2017—2025 年）》，这些规划整合了自然保护区、风景名胜区等不同规划，塑造了科学、统一且可行的国家公园发展蓝图。

2021 年，福建省发改委和自然资源厅联合制定并发布了《福建省重要生态系统保护和修复大工程实施方案（2021—2035 年）》。福建省将以国家公园建设为契机，加快推进武夷山脉森林生态系统保护和修复工程，保护珍贵的天然森林生态系统，提高生态安全屏障质量[1]。

11.2.2.2　法律体系

武夷山国家公园体制试点之后，为了解决国家公园内涵盖的多层级、多保护区、多部门隶属关系和管理交错、经费分散、机构冗余、管理效率低下等一系列问题，福建省在不改变行政区划的前提下，整合多层级机构和管理职责，探索有效的跨行政区划和跨部门的协同管理方式。

规划的范围涉及武夷山国家级自然保护区管理局、武夷山风景名胜区管委会、地方政府以及林业、住建、旅游等多个管理部门所属，如果不对范围内的区域进行统一管理，多层级分散的管理会导致保护经费分散、机构冗余建设以及保护管理效率低下等问题。为了解决这些问题，福建省在不改变行政区划的前提下，积极整合各种资源，探索有效的跨行政区域和跨部门管理方式。在法律法规方面，此前原自然保护区、风景名胜区相关的法律法规一般只是针对各自区域制定的，对于国家公园的适用情况不同。因此，福建省重新梳理和整合了区域内的现行法律法规，重新制定和颁布了《福建省武夷山国家公园条例》，以实现武夷山国家公园的统一法律口径和管理规范[2]，实行统一的行政执法权[3]。为了强化省际

① 陈永香，赵勤恩．武夷山国家公园：护碧水丹山 建共生家园．中国自然资源报，2022-03-14（3）．
② 陈松声，李泽民．武夷山国家公园管理体制试点探索．中国机构改革与管理，2017，（11）：21-22．
③ 陈雅如，张欣晔，余琦殿，等．国家公园开展生态环境综合执法的思考：基于武夷山国家公园的实践探索．环境保护，2023，51（8）：29-32．

合作，开展协同立法，着力破解部分管理领域尺度不一、宽严各异的"一园两治"问题。2024 年 10 月 1 日，《福建省武夷山国家公园条例》和《江西省武夷山国家公园条例》同日正式施行，实现了从"一园两治"到"一园共治"的突破。

在《武夷山国家公园条例（试行）》颁布之后，为适应改革需求，福建省采取了主动行动，将立法与改革相结合，分别组建成立武夷山国家公园执法支队和福建省公安厅森林公安局武夷山国家公园分局两个执法机构，增设了"国家公园监管"执法类别。《武夷山国家公园条例（试行）》的颁布明确了国家公园管理局及执法人员保护和管理国家公园范围内资源环境综合执法职责的主体资格。为了加强对国家公园资源环境的管理和保护，出台了《武夷山国家公园资源环境管理相对集中行政处罚权工作方案》以下简称《工作方案》。根据《工作方案》，国家公园管理局将统一集中管理 81 项县级以上地方政府管辖的世界文化和自然遗产、森林公园等资源环境保护管理的行政处罚权。针对区域内其他违规违法行为，国家公园管理局和地方有关部门将采取联动执法的形式，确保国家公园内生态资源得到有效管理[1]。此外，福建省设立了南平市驻国家公园检察官办公室，建立了省级公检法司办案协作机制，以加快资源环境公益诉讼和刑事案件的处理效率，增加保护力度，有效遏制各种破坏生态环境的行为[2]。

11.2.2.3 标准体系

武夷山国家公园获批之后，国家公园管理局和相关机构应对整合存在的标准不一，交错重叠的问题，武夷山国家公园管理机构会同省人民政府标准化主管部门、有关职能部门组织制定规划编制、生态保护、修复治理、生态监测、游憩体验、工程建设、公园管理及社区发展等技术规范和标准，并向社会公布。已经颁布的《武夷山国家公园条例（试行）》中明确提出了武夷山国家公园管理、生态监测等 13 个规范标准。此外，还涉及利用管理等方面的标准规定，如武夷山国家公园管理机构和所在地县（市、区）、乡（镇）人民政府应当按照国家有关技术标准配套建设生活垃圾分类收集设施。

11.2.3 经营运行管理

武夷山国家公园包括自然保护区、风景名胜区等此前经营的一些景区，在国

---

[1] 熊慎端，原旭东. 保护绿水青山　实现天人合一：武夷山国家公园全力推进生态保护纪实. 福建林业，2020，(2)：11-14.
[2] 国家公园体制试点进展情况之六：武夷山国家公园. (2021-04-24). https://finance.sina.cn/2021-04-24/detail-ikmyaawc1520631.d.html.

家公园建设之后，继续实行特许经营制度，即国家公园管理局对从事与资源环境管理和利用相关的营利性项目进行特许经营①。武夷山国家公园特许经营的具体规定和管理方式由福建省政府制定。目前，武夷山国家公园内的特许经营项目主要有九曲溪竹筏游览、环保观光车、漂流等营利性服务项目。

特许经营项目的开发和评定需要武夷山国家公园管理局与所在地县（市、区）政府共同商定，同时需要委托第三方机构进行项目可行性评估，再经过组织专家、社会组织和公众代表进行讨论，最后在武夷山国家公园工作联席会议审定后向社会公开②。但一些公共服务项目不在特许经营的范围内，如医疗、通讯、绿化、环境卫生、保安和基础设施维护等。同时，严格禁止以特许经营的名义将公益性项目和经营项目整体转让或垄断经营。

一般情况下，特许经营协议的期限为5年，最长不得超过10年。《武夷山国家公园特许经营管理暂行办法》规定，在本办法施行前已在国家公园内实施并未满期的特许经营项目，将继续按照原特许经营协议履行。但原特许经营协议届满或提前终止时，武夷山国家公园管理局将对项目的社会效益和环境效益进行综合评估，以确定是否继续授予该项目特许经营权。对于不再从事特许经营活动的情况，武夷山国家公园管理局将督促有关当事人按照特许经营协议办理设施、设备、技术资料和其他相关档案资料的移交和接管手续。

11.2.4　资金管理

武夷山国家公园采用政府主导、社会广泛参与的多元资金保障机制，以保障国家公园的保护、建设和管理所需资金。福建省政府对武夷山国家公园的投入也在不断加大①。其中，专项资金主要用于以下领域：国家公园生态保护的补偿、生态保护管理、执法系统建设、林业防灾减灾、科研调查监测和科普教育等③。

国家公园生态保护补助资金包含以下方面：森林生态效益的补偿、林权所有者和地役权管理者的生态补偿资金、天然林停伐管护补助、商品林的赎买所得资金、生态移民搬迁安置补偿以及农村人居环境的保护补助等④。

（1）森林生态效益补偿是指为省级以上生态公益林所有者提供经济支持和

---

① 武夷山国家公园条例（试行）. https://www.waizi.org.cn/policy/118787.html.
② 福建省人民政府办公厅关于印发武夷山国家公园特许经营管理暂行办法的通知. https://wysgigy.fujian.gov.cn/zwgk/zxwj/202007/t20200703_5512630.htm.
③ 武夷山国家公园生态保护专项资金管理办法. http://wysgjgy.fujian.gov.cn/zwgk/gzzd/202112/P020211217741109086150.pdf.
④ 栗璐雅. 国家公园建设对农户收入水平及结构影响的研究. 北京：北京林业大学，2021.

管理的支出。这些管理支出包括了与生态公益林有关的管护人员劳务补助、设施维护、森林防火、有害生物控制、林区道路维护等。对于山权、林权都属于国有的情况，所有的资金都将用于国家公园的管理。如果山权属于集体而林权是国有的，那么30%的补偿用于林地所有者，其余的用于国家公园的管理。对于山权、林权都属于集体的情况，70%的资金用于所有者的经济补偿，其余的用于国家公园的管理。

（2）天然林停伐管护补助是对停伐后的天然林商品林所有者提供的经济支持和管理支出。与之前相同，对于山权、林权都属于国有的情况，所有的资金将用于国家公园的管理。如果山权属于集体而林权是国有的，那么30%的补偿用于林地所有者，其余的用于国家公园的管理。对于山权、林权都属于集体的情况，70%的资金用于所有者的经济补偿，其余的用于国家公园的管理。

（3）林权所有者补偿是对生态公益林天然商品林（不包括经营性毛竹林）林权所有者提供的补偿[1]，分为集体所有和国有。对于集体所有，一般是生产补偿，而对于国有是管理补偿，补偿是对国家公园内的。

（4）商品林的赎买是对国家公园范围内的集体和个人的商品林进行赎买等方面的支出。

（5）地役权管理补偿是对国家公园范围内的非国有人工商品林和毛竹林实施地役权管理而产生的租赁、第三方评估等费用的补偿。

（6）生态移民搬迁安置补偿是对因国家公园保护需要而需要迁出的居民提供补偿或安置支出，具体的金额将依据属地政府的标准来确定。

（7）农村人居环境保护补助主要是对国家公园范围内的公厕、污水处理系统的运行和管理以及生活垃圾处理提供的补助。

国家公园生态保护管理支出是指用于国家公园勘界、自然人文资源和生态环境的调查监测与生态保护修复、野生动植物保护、保护设施设备运行维护、智慧公园建设、国家公园宣传、自然教育与生态体验等的支出。

国家公园执法体系建设的费用支出主要用于国家公园执法场所规范化建设、执法装备购置和办案经费等方面的支出。执法场所规范化建设支出是指用于国家公园管理站、哨卡规范化建设等方面的支出。执法装备购置支出是指国家公园执法机构购置指挥通信设备、业务装备、执法用车、信息化软硬件设备等方面的支出。执法办案支出是指用于国家公园执法机构综合执法、联动执法、教育培训等方面的支出。

林业防灾减灾支出包括国家公园的森林防火支出、林业有害生物防治支出、

---

[1] 王硕.国家公园建设给武夷山带来什么？.绿色中国，2021，（10）：36-39.

林业生产救灾支出。森林防火支出指用于森林防火队伍建设、森林防火隔离带、森林防火宣传、森林火灾预防、火情早期处理及必要的防火物资储备，森林航空巡护所需租用飞机、航站地面保障等的相关支出。林业有害生物防治支出指用于松材线虫病等林业有害生物预防、监测、检疫和除治等的相关支出。林业生产救灾支出指用于支持国家公园范围内遭受自然灾害之后开展的抢险救灾、生产恢复等方面的支出。

科研调查监测与科普教育支出是指用于国家公园科学研究、科研监测、科普教育等方面的支出。

根据国家公园建设内容设置任务清单，任务清单分为约束性任务和指导性任务，国家和省委、省政府有明确要求，武夷山国家公园总体规划、专项规划以及年度重点工作作为约束性任务，其他为指导性任务。国家公园管理局在完成约束性任务的情况下，可结合国家公园生态保护需要，统筹资金用于商品林赎买、地役权管理、生态保护管理、科研调查监测与科普教育等方面的支出。

11.2.5 生态保护体系

武夷山国家公园管理局成立后制定了《武夷山国家公园总体规划及专项规划（2017—2025 年）》以及包括生态保护、科研监测、科普教育、生态旅游等方面的五个专项规划，这些规划为公园的可持续发展提供了战略指引。在武夷山国家公园正式成立之后，完成了自然资源基础调查，并逐步完善了科研监测基础设施。同时，针对存在问题的茶山，进行了"两违"整治等专项行动，坚决实施全面禁止林木采伐政策。此外，还对核心区的住户进行了生态搬迁，为生态环境的改善作出了积极贡献。武夷山国家公园成立了闽赣两省联合保护委员会，与相邻的江西武夷山国家级自然保护区合作，进行了跨境的协同巡查和宣传活动，共同推动了武夷山生态系统的完整性保护。

资金保障方面，武夷山国家公园体制试点之后，共统筹中央、省及地方财政投入资金 7.02 亿元，全力保障体制试点。累计招录、调入工作人员 23 名，福建省林业局选派 41 名业务骨干先后开展三轮"百日攻坚"行动，破解改革难点、突破发展瓶颈。扎实推进勘界立标工作，进一步明确了边界范围。加强园区科研监测、巡护巡查、办公场所、执法装备等投入，为日常资源保护管理提供保障。

科技监测方面，武夷山国家公园运用互联网、卫星遥感等先进技术，建立智能管理中心，将数据进行高效、快速、精准收集和分析，实时监测入园人数、环境质量、灾害等情况，从而实现更高效地管理和监测。

管理体系方面，福建省坚持以生态保护为优先，树立尊重自然、保护自然的生态文明理念，研究落实武夷山国家公园管理局的主要职责，致力于构建科学可持续的国家公园管理体系，将保护重要自然生态系统的原真性、完整性，作为国家公园的首要功能。同时，努力在不破坏自然生态和文化遗产的前提下，实现资源的合理利用。武夷山国家公园建立严格系统的"四化"管护新模式，向管理智能化、管控严格化、修复科学化、责任明晰化要发展空间，以最严管控呵护最好生态。我们将国家公园划分为核心保护区和一般控制区，实行差别化管理、网格化覆盖、智能化管控。首先，强调严格保护。国家公园管理局的首要责任是保护自然、人文资源和环境，在规划、建设以及自然资源管理的基础上，加强科学研究，严格依法保护。其次，强调合理利用。国家公园管理局在保护的基础上，对区域内的各类资源开发利用制定方案，引导社区居民合理使用自然资源，落实和制定国家公园特许经营和景区门票价格的政策。最后，强调统筹协调。国家公园管理局成立后，很重要的一项工作是协调与地方政府部门之间自然资源监管权、公共服务、社会管理和市场监管等职责以及各相关地区和部门的派驻工作。

11.2.6 社会与公众参与

武夷山国家公园吸纳园区内居民 137 人作为公园生态管护员、哨卡工作人员。采取多种形式引导社区、居民、企业等利益相关方参与重要政策制定。与有关林权单位签订辖区内生态公益林、天然林和商品林管护协议，实现集体林 100% 管控。出台《武夷山国家公园特许经营管理暂行办法》，将九曲竹筏、观光车、漂流等纳入特许经营范围规范管理，同时引导村民发展森林人家、民宿等乡村旅游、开展丰产毛竹培育，有效拓宽农民增收渠道。鼓励引导开展生态茶园改造，建设茶-林、茶-草混交茶园 4000 多亩，提高茶叶品质和茶产业经济效益，促进茶农持续稳定增收。通过落实生态效益补偿、开展重点区位商品林赎买、创新森林景观补偿、探索经营管控补偿以及将园内省级以上生态公益林纳入自然灾害保险等，丰富生态补偿方式，增加林农收入[①]。

武夷山国家公园涵盖了多种类型的自然保护地，长此以往，保护地限制了人类的活动，导致社会参与度一直较低。在补偿方面，武夷山国家公园在建立生态补偿机制方面采取了创新措施，建立了"布局合理、规模适度、减量聚居、环境友好"的国家公园居民点体系，以健全财政投入为主、规范长效的生态补偿制度

① 国家公园体制试点进展情况之六：武夷山国家公园．（2021-04-24）．https://finance.sina.cn/2021-04-24/detail-ikmyaawc1520631.d.html.

体系，着重于实现经济发展与生态保护的协调①。该国家公园的管理模式强调以合理的开发来换取重要区域的保护，这在福建片区得到了成功应用。这一模式的关键是确保资源的有序开发，同时保护着生态系统的核心地区。为了实现这一目标，武夷山国家公园积极探索了特许经营、生态茶园建设、生态旅游、生态移民等多种途径，使得生态保护与经济发展能够共同发展。例如，福建片区的一些行政村在实施了这一模式后，取得了令人瞩目的经济成就，桐木和坳头两个行政村在 2020 年的人均收入显著高于周边村庄②。此外，光泽县通过发展"水美经济"取得了骄人的成就，通过有效的市场化手段来配置水资源生产要素，积极开发水生态产业，已经成为全国生态产品价值实现的典型案例。这一系列的举措，不仅促进了地方经济的增长，还在生态保护方面取得了重要的成果。

在武夷山国家公园，针对国家公园内重点区域的商品林资源，人们正在尝试推行一种全新的管理制度，旨在平衡林木的利用和保护。在这个制度下，与农民的自愿合作是关键，他们通过采用林木赎买的方式，对那些禁止砍伐的林木进行收购和保护管理。

与此同时，武夷山国家公园内也积极发展了生态产业，特别是生态茶园方面③。为了促进茶产业的发展，该国家公园与茶企、茶农合作建设高标准的生态茶园，并以协会、企业和农户合作的模式，促进了茶产业的升级，提高了茶产业的经济效益。武夷山国家公园还在保护毛竹资源和发展富民竹业方面制定了管理规定，以加强竹林管理。此外，在星村、黄村、南源岭村等地设立国家公园产业就业培训基地，鼓励村民参与国家公园建设，招聘了 100 多名生态管护员等。这些努力都有助于更好地解决公园内集体土地保护和人口密集区的利用之间的矛盾，推动了经济发展与生态保护的共赢。

11.2.7　科研平台

为了进一步强化武夷山国家公园的科技支持和专业咨询能力水平，国家公园管理局正在积极探索与高等院校和科研机构的合作机制。在国家公园建设过程中，科学力量能在国家公园的规划、建设、保护、管理和评估等方面提供丰富的技术支持和科学依据①。国外国家公园建设起步早，发展水平高，因此武夷山国家公园管理局也与国际组织以及国内外其他组织和团体建立合作伙伴关系，为武夷山国家公园的保护、建设和管理等领域提供专业的咨询意见和技术支撑。

① 武夷山国家公园条例（试行）. https://www.waizi.org.cn/policy/118787.html.
② 陈永香，赵勤恩. 武夷山国家公园：护碧水丹山 建共生家园. 中国自然资源报, 2022-03-14（3）.
③ 熊慎端. 武夷山国家公园全力推进生态保护纪实. 福建党史月刊, 2020，（8）：57-60.

1）武夷山国家公园科研监测中心

目前，武夷山国家公园管理局与高校和科研院所合作，建设空天地一体的监测中心，运用卫星遥感监测技术、无人机技术、智能视频监控系统，将武夷山国家公园建设成为高水平的科研平台，并能够及时掌握国家公园森林火情、病虫害以及环境容量预警等情况，实现动态监管。

2）福建农林大学

武夷山国家公园管理局正在积极与福建农林大学合作，共同研究并实施一项创新的计划①，以在茶园内种植珍稀树种（如山樱花和罗汉松），从而打造一个生态茶园。这个计划不仅能够增加茶园的观赏价值，还有助于减少水土流失，同时提升茶叶的质量。自 2018 年起，武夷山国家公园管理局已为多家茶企提供了珍稀树种和树苗，以促进生态茶园的发展，现已建成了超过 4800 亩的生态茶园示范基地，通过"茶–林"和"茶–草"等模式，实现了化肥和农药的减量，同时增加了生态和有机农产品的产量。此外，武夷山国家公园还积极倡导在茶园中套种其他农作物，如大豆和油菜，以提高茶叶生产的生态效益。这项创新措施的成功实施，为武夷山国家公园的生态茶园建设提供了可行的示范，也为其他地区的生态种植提供了可复制的方案。

3）清华大学"清心武夷"

社会实践支队、武夷学院、福建省武夷山生物研究所、中国渔政武夷山市大队、武夷山市农业农村局水产技术推广站等

4）武夷山国家公园体制

试点成立以来，先后与中国科学院、北京大学、福建农林大学、南京林业大学等多个高校和科研机构签订了战略合作协议，多领域多方位开展科研合作，极力探索打造武夷山国家公园高质量科研品牌。此次项目的顺利验收，对武夷山国家公园正式设立后的科研工作开展、科研项目推进和科研人才队伍培养有着积极推动意义。

11.3　监督与评估机制

11.3.1　监督监测机制

武夷山国家公园建立健全省级统筹联席会议机制、省市县协同推进落实机制、乡村联动共商共建机制，以实现省、市、县、乡四级联动。通过这些措施明

---

① 张志国. 探秘武夷山国家公园. 绿色中国，2021，（17）：56-59.

确了主体责任、理顺了权责划分。同时，选聘 25 名社会监督员，针对园区内自然、人文等资源及生态环境保护与管理等工作开展监督。此外，建立领导干部离任审计制度，将审计结果作为党政领导干部考核、任免、奖惩的重要依据。

武夷山国家公园内部的科研站点进行长期的大气、土壤等生态因子的监测工作，积累了大量关于森林生态的监测数据。武夷山国家公园建立之后，与科研机构和高校合作建设了集互联网、物联网、卫星遥感、无人机、GIS 等先进信息技术于一体的智慧管理平台，包括综合地图、自然资源管理、实时监测、执法巡逻、视频数据整合、火灾预警、林业有害生物防治、游憩管理、科普宣传等 10 个不同子系统。该平台能够对武夷山国家公园进行"空天地一体化"的监测体系，实现了对生态、自然资源、灾情、旅游、执法等的全方位监测。

11.3.2 评估体系

武夷山国家公园着眼于加强自然生态系统保护成果的评价机制，具体实施方法将由地方政府拟定，并将强化领导干部在任职期间自然资源资产审计和生态环境责任的追究机制。在评估过程中，首先需要进行科学准确的监测。为此武夷山国家公园建立了全面的生态环境监测评估系统，对生态环境状况进行有效监测，并定期向社会公众披露相关结果。

此外，武夷山国家公园管理局推行年度综合评估报告制度和重大事件即时报告制度，以降低事故发生的概率，提升生态环境监测、预警和评估能力。为了提升社会参与度，武夷山国家公园管理局支持和鼓励当地居民、社会组织和志愿者等参与生态现状调查和保护的过程中，更加全面地评估国家公园建设进展，为下一步的发展提供重要支撑。

11.4 经验与启示

1）生态保护与旅游发展并重互补

国家公园所拥有的独特自然资源为旅游提供了坚实的基础，适度的旅游活动也可以为国家公园的保护和生态功能的发挥提供重要支持，二者相互促进①。在国家公园的范畴内，旅游与生态保护不再是对立的关系，而是相辅相成的关系。国家公园的首要职责是保护自然生态，旅游开发应以生态旅游为导向，开展有益

---

① 苏红巧，苏杨．国家公园不是旅游景区，但应该发展国家公园旅游．旅游学刊，2018，33（8）：2-5.

的休闲、观光、生态体验和环境教育等活动，发展国家公园旅游应坚持以生态保护为优先，保持国家代表性，坚守全民公益性原则①。国家公园旅游是一种全面发展的大型旅游形式，过度开发将增加环境负担。因此，需要打造武夷山国家公园的旅游生态产品，提升生态产品价值，推动生态产品价值实现，践行从"绿水青山"到"金山银山"的转变。武夷山国家公园以"用 10% 的生态产业发展，换取 90% 的生物多样性保护"的管理策略，在保护生态的同时推动了旅游经济的繁荣②。近年来，武夷山国家公园管理局在生态旅游开发中，灵活运用访客容量动态监测和环境容量控制，同时建立了多项国家公园生态补偿机制，如生态移民搬迁安置补偿、生态公益林保护补偿等共计 11 项机制。此外，武夷山国家公园还实行了山林所有权与经营管理权的"两权分离"管理模式，将景区集体林地的所有权归还村民，而经营管理权则归属国家公园。这一模式在保护生态环境的前提下，提高了当地农民的收入③。

2）环武夷山国家公园保护发展带建设

国家公园内部的生态环境是保护的重点，其周边的生态环境也需要关注，作为全国首个国家公园周边地区相关专项规划《环武夷山国家公园保护发展带总体规划（2021—2035 年)》④ 的出台，环武夷山国家公园保护发展框架和目标明确，打造以"一环三带"为骨架、"四核多节点"为支撑的发展思路，努力把环武夷山国家公园保护发展带建设成为人与自然和谐共生的国家样板。2021 年底，南平市推出的《环护武夷山国家公园保护发展带总体规划（2021—2035 年）》⑤，在保护核心自然保护地体系建设的同时，形成以武夷山"双世遗"为核心，与周边区域融为一体的环护武夷山旅游格局，打造国家级文化公园，实现环护武夷山国家公园乡村振兴和区域的协同发展。秉持着绿水青山就是金山银山的理念，南平市积极探索着"两山"转型的实践道路，通过释放更多环护武夷山国家公园的优势，以实现绿色、高质量的发展为目标，为我国国家公园建设提供了可借鉴的范例。

---

① 杨锐. 生态保护第一、国家代表性、全民公益性：中国国家公园体制建设的三大理念. 生物多样性，2017，25（10）：1040-1041.

② 李辛怡，陈旭兵，陈恒毅. 武夷山国家公园体制试点区旅游发展现状与对策研究. 武夷学院学报，2019，38（10）：37-41.

③ 蔡华杰. 国家公园建设的政治生态学分析：以武夷山国家公园体制试点为例. 兰州学刊，2020，（6）：23-33.

④ 福建省自然资源厅.《环武夷山国家公园保护发展带总体规划（2021—2035 年）》通过评审.（2023-05-04）. http://zrzyt.fujian.gov.cn/ztzl/ztzlfjmp/202305/t20230505_6163321.htm.

⑤ 熊慎端，吴仁春. 武夷山市全力推进环武夷山国家公园保护发展带建设. 福建林业，2022，（2）：14-15.

3）创新管理体制和运行机制。

国家公园试点以来，福建省整合多个自然保护地管理机构，形成由省级政府直接管理的武夷山国家公园管理局。该管理局下设执法支队和科研监测中心两个直属单位，同时设立六个管理站（站长由所在地乡镇长兼任，有关乡镇长在调任、晋升时，需经过国家公园同意），构筑了"管理局—管理站"双层治理架构。此外，还设立了武夷山国家公园森林公安分局，负责统一园区内资源环境综合执法任务。通过构建"纵向衔接、横向整合"的治理框架和操作机制，从根本上解决了多头管理、职能重叠、责任分散等问题。

4）探索景观资源有偿利用。

为了有效解决自然资源保护与乡村经济发展之间的矛盾，促使国家公园地区实现生态保护与旅游业和谐共进。武夷山国家公园与位于之前的武夷山风景名胜区核心景点内的七个行政村达成协议，对主要景点内的 7.76 万亩集体山地实行有偿使用，同时与风景区门票收入的增长相互关联。自试点启动以来，加大了对范围内的基础设施建设，招聘当地农民从事导游、竹筏工、环境保洁工、绿地管理员等工作，在一定程度上解决了村庄居民的就业问题，实现了景区和社区的和谐发展。

5）创新构建执法体系。

根据实际需求，按照法治原则，积极创新国家公园管理和执法体系，根据《武夷山国家公园条例（试行）》，分别设立了武夷山国家公园执法支队和福建省公安厅森林公安局武夷山国家公园分局这两个执法机构。同时，新增了"国家公园监管"执法范畴，明确了国家公园管理局及其执法人员作为主体，全面负责国家公园内各类保护地的保护、管理，以及国家公园范围内资源环境综合执法事务。《武夷山国家公园资源环境管理相对集中行政处罚权工作方案》将涉及世界文化和自然遗产、森林资源、野生动植物、森林公园等 4 大方面的 14 部法律法规规章中的 81 项资源环境保护管理的行政处罚权力，集中授予国家公园管理局行使。而在乡村规划区内，对于"两违"行为和茶山整治问题，国家公园管理局与地方有关部门实现了联动执法。此外，还建立了省级公检法司办案协作机制，设立了南平市的国家公园驻检察官办公室，以促进资源环境公益诉讼和刑事案件的迅速办理，有效遏制了各类损害生态环境的事件发生。

第 12 章 ┃ 海南热带雨林国家公园

2019 年 1 月，海南热带雨林国家公园体制试点建设正式启动①。在其试点过程中，形成了协同管理机制、监管体制、科技支撑体系等一系列创新的实践经验。本章对海南热带雨林国家公园管理体系、法律与规划体系、经营运行管理、资金管理、生态保护体系、社会与公众参与、监督与评审机制等方面情况进行梳理，并总结了海南热带雨林国家公园建设过程中的经验与启示，以期提供决策参考。

12.1　国家公园概况

海南热带雨林位于热带的北缘，是我国岛屿型热带雨林中分布最密集、保存最完整的岛屿型热带雨林②。海南热带雨林国家公园是岛屿型热带雨林典型代表，拥有全世界、中国和海南独有的动植物种类及种质基因库，是海南岛生态安全的重要屏障③④⑤。

海南热带雨林国家公园的诞生和推动一直受到高度重视。2018 年 4 月，习近平总书记在"4·13"重要讲话中强调，要积极开展国家公园体制试点，建设热带雨林等国家公园，构建归属清晰、权责明确、监管有效的自然保护地体系⑥，这使得海南热带雨林国家公园成为海南建设国家生态文明试验区和自由贸易港的标志性工程之一。《中共中央 国务院关于支持海南全面深化改革开放的指导意

①　大自然编辑部．走进海南热带雨林国家公园体制试点．大自然，2020，（6）：38-39.

②　ZONG L. The path to effective national park conservation and management：Hainan Tropical Rainforest National Park System Pilot Area. International Journal of Geoheritage and Parks，2020，8（4）：225-229.

③　绿色中国．海南热带雨林国家公园：生态绿心动植物宝库．（2022-05-20）．http：//www. greenchina. tv/magazine/detail/id/44. html.

④　张亚欣．心怀"国之大者"高质量建设国家公园．中国城市报，2022-04-18（3）.

⑤　海南热带雨林国家公园简介．http：//www. hntrnp. com/news/list-276. html.

⑥　习近平：在庆祝海南建省办经济特区 30 周年大会上的讲话．http：//www. gov. cn/xinwen/2018-04/13/content_5282321. htm.

见》也明确提出"研究设立热带雨林等国家公园"①。2019年1月，《海南热带雨林国家公园体制试点方案》在中央全面深化改革委员会第六次会议上获得通过，标志着海南正式启动热带雨林国家公园体制试点建设②。同年4月1日，海南热带雨林国家公园管理局正式揭牌成立③。到2020年底，海南热带雨林国家公园已完成国家公园体制试点各项任务。在综合评估的基础上，2021年9月30日，国务院以《国务院关于同意设立海南热带雨林国家公园的批复》同意海南热带雨林国家公园正式设立④。

海南热带雨林国家公园体制试点区位于海南岛中部山区，东起吊罗山国家森林公园，西至尖峰岭国家级自然保护区，南至保亭黎族苗族自治县毛感乡，北至黎母山省级自然保护区。试点区范围涉及海南省中部九个市县，包括五指山、鹦哥岭、尖峰岭、霸王岭、吊罗山五个国家级自然保护区、三个省级自然保护区、四个国家森林公园、六个省级森林公园及相关的国有林场。总面积超过4400km²，约占海南岛陆域面积的1/7⑤。

12.2　管理体制与运行机制

12.2.1　管理体系

海南热带雨林国家公园首创了扁平化的国家公园管理体制和双重管理的国家公园综合执法管理机制⑥⑦。按照机构改革和《海南热带雨林国家公园总体规划（2019—2025年)》⑧要求，试点区构建了具有海南特色的扁平化的海南热带雨林国家公园"管理局—管理分局"二级行政管理体系（图12-1）。

---

① 《中共中央 国务院关于支持海南全面深化改革开放的指导意见》发布．(2018-04-14). http://news. cnr. cn/native/gd/20180414/t20180414_524198934. shtml.

② 大自然编辑部．走进海南热带雨林国家公园体制试点．大自然，2020，(6)：38-39.

③ 海南省林业局．海南热带雨林国家公园管理局成立．热带林业，2019，47（1)：2.

④ 廖劢．国家公园规划中的公众参与机制研究．北京：北京建筑大学，2022.

⑤ 国家公园体制试点进展情况之五：海南热带雨林国家公园．(2024-04-23). https://www. ndrc. gov. cn/fzggw/jgsj/shs/sjdt/202104/t20210423_1277174_ext. html.

⑥ 龙文兴，杜彦君，洪小江，等．海南热带雨林国家公园试点经验．生物多样性，2021，29（3)：328-330.

⑦ 李军．高质量建设热带雨林国家公园．今日海南，2022，(3)：14-17.

⑧ 海南热带雨林国家公园规划（2019—2025年)征求意见稿．https://www. forestry. gov. cn/html/main/main_4461/20200423094840466465936/file/20200423094937861802994. pdf.

图 12-1　海南热带雨林国家公园组织结构图

（1）省级管理机构。依托海南省林业局挂牌成立海南热带雨林国家公园管理局，作为海南热带雨林国家公园管理机构，增设海南热带雨林国家公园处和森林防火处两个内设机构。依托自然保护地管理处挂牌成立海南热带雨林国家公园执法监督处，依托林业改革发展处挂牌成立海南热带雨林国家公园特许经营和社会参与管理处，并成立了海南智慧雨林中心挂牌海南热带雨林国家公园宣教科普中心。海南热带雨林国家公园管理局承担资源与生态保护、自然资源资产管理、特许经营管理、社会参与管理、宣传推介、科研、监测、科教游憩、行政执法等管理职能。

（2）二级管理机构。按照"集中连片、管理高效、尊重历史、便于协调"的原则，将海南热带雨林国家公园区划为若干个管理片区，以落实管理责任，实现更为有效的保护管理。在海南热带雨林国家公园范围内自然保护区、森林公园等自然保护地管理机构的基础上组建海南热带雨林国家公园二级管理机构，原有的林业局、保护区管理局（站）、林场等机构同时撤销，确保机构扁平高效。

海南热带雨林国家公园管理局下设七个分局，包括：①黎母山分局，位于海南省岛中部琼中黎族苗族自治县境内，森林管护面积为75.52万亩。②霸王岭分局，位于海南岛西南部，下辖12个管理站29个管护点。③鹦哥岭分局，位于海南岛中南部，是海南热带雨林国家公园的中心枢纽，辖区涉及白沙黎族自治县、琼中黎族苗族自治县、乐东黎族自治县、五指山市四县（市），总面积为861.7km²，一般控制区面积为409km²，核心保护区面积为452km²。④五指山分局，位于海南岛中部，横跨五指山市、琼中黎族苗族自治县，总面积为534.08km²，一般控制区为288.25km²，核心保护区为245.83km²。⑤吊罗山分局，位于海南热带雨林国家公园东区，地跨陵水黎族自治县、万宁市、保亭黎族苗族自治县、琼中市四个县（市），面积为447km²，其中核心保护区为262km²，一般控制区为185km²，森林覆盖率达96.26%。⑥尖峰岭分局，位于海南岛西南部，北部与东方市接壤，西部和东部与乐东黎族自治区相邻，地跨乐东黎族自治县、东方市两个县（市），面积为679km²，其中核心保护区为505km²，一般控制区为174km²，森林覆盖率达98%。⑦毛瑞分局，位于保亭黎族苗族自治县西北部、乐东黎族自治县东南部、五指山市西南部交界山区，地跨保亭黎族苗族自治县、乐东黎族自治县、五指山市两县一市。

当前，海南热带雨林国家公园虽然在管护能力建设方面取得了一定成效，但仍存在改进空间①，包括跨区域垂直管理体制与运行机制仍需完善。海南热带雨林国家公园管理局下设多个分局，管理涉及多个县（市）和部门，管理范围较大且隶属关系较为复杂，国家公园管理局与各分局及相关县（市）的统筹协调存在难度。因此，需要尽快厘清海南热带雨林国家公园各垂直管理机构的职责、权利和利益，协调好国家公园管理机构与辖区地方政府之间的关系。

12.2.2　法律与规划体系

12.2.2.1　规划体系

为积极推进海南热带雨林国家公园建设，国家林业和草原局与海南省人民政府组织编制《海南热带雨林国家公园体制试点方案》《海南热带雨林国家公园总体规划（2019—2025年）》，提出国家公园规划期内建设与发展的总体部署和建设纲领。并由海南省自然资源和规划厅组织编制《海南热带雨林国家公园保护专项规划》《海南热带雨林国家公园生态旅游专项规划》《海南热带雨林国家公园交通基础设施专项规划》三个专项规划，对上位规划内容进行了承接与深化。

《全国热带雨林保护规划（2016—2020年）》② 于2016年8月31日通过，提

---

① 李佳灵，秦荣鹏，徐涛，等. 海南热带雨林国家公园管护能力建设现状、问题与对策. 热带林业，2022，50（2）：72-76.

② 国家林业局关于印发《全国热带雨林保护规划（2016—2020年）》的通知.（2016-10-11）. http://www.gov.cn/xinwen/2016-10/11/content_5117259.htm.

出全面保护和修复我国热带雨林生态系统的主要任务及相关措施，将通过热带雨林保护工程、热带雨林恢复工程、珍稀濒危物种拯救保护工程、雷州半岛生态修复工程、热带雨林可持续利用工程、热带雨林社区共管工程、热带雨林保护能力建设工程等任务，扩大热带雨林保护范围，增强热带雨林生态支撑能力。

《海南热带雨林国家公园体制试点方案》① 于 2019 年 1 月 23 日通过，介绍了建设海南热带雨林国家公园的背景意义和总体要求，并对管理体制、生态保护和修复、社区发展、资金保障制度及相关实施保障等方面的内容进行要求。

《海南热带雨林国家公园总体规划（2019—2025 年）》② 于 2020 年 4 月 22 日编制完成，是国家公园规划期内建设与发展的总体部署和建设纲领。该规划报告了海南热带雨林国家公园建设的范围与管控分区、管理体制机制、生态系统保护和修复、资源管护和科技支撑、自然教育与生态体验、园区居民与社会协调发展、影响评价、保障措施等方面内容。

《海南热带雨林国家公园保护专项规划》《海南热带雨林国家公园生态旅游专项规划》《海南热带雨林国家公园交通基础设施专项规划》三个专项规划于 2020 年 6 月 12 日通过③。三项规划中，《海南热带两林国家公园保护专项规划》以热带雨林资源的整体保护、系统修复和综合治理为重点，着眼于构建多尺度的生态保护体系，系统提出了国家公园保护重点规划项目；《海南热带雨林国家公园生态旅游专项规划》坚持保护优先、秉持生态理念，科学布局生态旅游、科普教育等项目，统筹构建具有雨林特色的旅游服务体系；《海南热带雨林国家公园交通基础设施专项规划》构建起海南热带雨林国家公园"快进慢游"交通体系，并对国家公园及外围区域的"五网"基础设施和消防设施进行合理规划。

12.2.2.2　法律体系

《海南热带雨林国家公园自然资源资产管理办法（试行）》④ 于 2020 年 5 月 7 日印发，确定了国家公园自然资源资产的管理体制、资产清查与核算、自然资产合理利用、资产管护、监督考核等办法。

---

① 国家公园管理局关于印发《海南热带雨林国家公园体制试点方案》的函. (2019-07-15). https://www. hainan. gov. cn/hainan/zchbbwwj/202008/f0a42020ac1547098d502acd161119cf. shtml.

② 海南热带雨林国家公园规划（2019—2025 年）. https://www. forestry. gov. cn/html/main/main_4461/20200423094840466465936/file/20200423094937861802994. pdf.

③ 海南日报. 海南热带雨林国家公园 3 个专项规划通过专家评审. (2020-06-12). https://www. hainan. gov. cn/hainan/tingju/202006/a1ddb3159b8c4ceaa213e2eaf0e7a9c6. shtml.

④ 海南省自然资源和规划厅. 海南省自然资源和规划厅关于印发《海南热带雨林国家公园自然资源资产管理办法（试行）》的通知. (2020-09-18). http://lr. hainan. gov. cn/xxgk_317/0200/0202/202009/t20200918_2852905. html.

《海南热带雨林国家公园原生态产品认定管理办法（试行）》① 于 2020 年 5 月 7 日印发，旨在规范海南热带雨林国家公园原生态产品管理工作，探索生态产业绿色发展新模式，对原生态产品的申请、受理、评估、认定和监督管理进行规定。

《海南热带雨林国家公园条例（试行）》② 于 2020 年 10 月 1 日起施行。主要内容包括国家公园的范围和基本原则、管理体制、资金保障机制、分区管控、保护对象、自然资源资产产权管理和登记制度、生物多样性的保护具体要求等。《海南热带雨林国家公园条例（试行）》的出台，旨在为海南热带雨林国家公园的保护、利用和管理提供法治保障，依法规范和加强海南热带雨林国家公园的科学保护和合理利用，并为国家研究制定国家公园相关法律法规提供实践经验。

《海南热带雨林国家公园特许经营管理办法》③ 自 2021 年 3 月 1 日起施行。确定了海南热带雨林国家公园特许经营的范围，规定了特许经营者的确定方式，明确了特许经营使用费的有关规定，强化监督管理，保障特许经营活动依法有序进行。该办法的公布实施将有助于规范海南热带雨林国家公园特许经营活动，实行自然资源有偿使用制度。

12.2.2.3　标准体系

目前海南尚未发布相关国家公园标准，国家公园建设的保障条件不足④。因此，需加快关于海南热带雨林国家公园的专门立法，加强管护能力建设的法律保障。尽快出台国家公园体制机制建设相关的法律、管理条例、实施细则、标准规范等，为完善海南热带雨林国家公园管理体制、机构设置和权责体系等基础制度建设提供法律保障。包括：结合海南热带雨林国家公园的区域特征和管理需求的管理制度体系；明确海南热带雨林国家公园与其他类型自然保护地之间的管理对象与管理范围；明确各个管理机构的职权和职责⑤。

---

① 海南省林业局. 海南热带雨林国家公园关于印发《海南热带雨林国家公园原生态产品认定管理办法（试行）》的通知.（2022-05-07）. http://lyj.hainan.gov.cn/xxgk/0500/xzgfxwj/202209/t20220909_3264207.html.

② 海南省人民代表大会常务委员会. 海南热带雨林国家公园条例（试行）. https://www.hainan.gov.cn/hainan/dfxfg/202009/2f11aa528cb9487696de8f30bdc820d1.shtml.

③ 海南热带雨林国家公园特许经营管理办法.（2020-12-11）. https://www.hainan.gov.cn/hainan/dfxfg/202012/d0265af5ef2245c18854b9494fc7a13a.shtml.

④ 李博炎，朱彦鹏，刘伟玮，等. 中国国家公园体制试点进展、问题及对策建议. 生物多样性，2021，29（3）：283-289.

⑤ 李佳灵，秦荣鹏，徐涛，等. 海南热带雨林国家公园管护能力建设现状、问题与对策. 热带林业，2022，50（2）：72-76.

12.2.3 经营运行管理

根据《海南热带雨林国家公园特许经营管理办法》[①]，海南热带雨林国家公园一般控制区内的经营服务活动实行特许经营，核心保护区内禁止开展经营服务活动。海南热带雨林国家公园管理机构依法授权公民、法人或者其他组织在一定期限和范围内开展经营活动，特许经营者依照特许经营协议和有关规定履行相关义务。对特许经营项目实行目录管理，并通过竞争方式确定特许经营者[②]。

12.2.3.1 特许经营范围

国家公园一般控制区内可以开展一些符合海南热带雨林国家公园总体规划和专项规划的特许经营项目，包括：建设、运营经营服务设施；销售商品；租赁设备或者场地；提供住宿、餐饮、游憩导览、解说；经营户外运动项目或者商业拍摄、商业演艺活动等文化体育服务；提供生态旅游和体验、森林康养、休闲度假服务；提供生态科普、自然教育服务；提供旅游运输服务；生产、销售载有海南热带雨林国家公园标识的产品等。

12.2.3.2 特许经营者

国家公园管理机构通过招标、竞争性谈判或者竞争性磋商等竞争方式确定特许经营者。需通过招标方式确定特许经营者的特许经营项目包括：利用国家公园内国有自然资源资产或租赁国家公园内国有固定资产开展特许经营活动；建设经营性服务设施；开展文化体育、生态旅游和体验、森林康养、休闲度假、生态科普、自然教育、旅游运输等特许经营活动；设立独立的经营性商业广告设施等项目。

国家公园内当地居民利用自有或者本集体经济组织及其成员的房屋开展餐饮、住宿、商品销售等经营服务活动，以及国家和海南省人民政府规定的其他经营服务活动，可以不通过竞争方式确定特许经营者。

12.2.3.3 特许经营费用标准

特许经营者应当依照约定缴纳特许经营使用费。特许经营使用费标准由国家公园管理机构会同海南省财政部门制定，经海南省人民政府批准后施行。特许经

---

① 海南热带雨林国家公园特许经营管理办法．（2020-12-11）．https://www.hainan.gov.cn/hainan/dfxfg/202012/d0265af5ef2245c18854b9494fc7a13a.shtml.

② 《热带林业》编辑部．加强生态保护 规范特许经营：《海南热带雨林国家公园特许经营管理办法》解读．热带林业，2020，48（4）：1.

营使用费应当上缴省级国库，纳入财政预算管理。

免收或者减收特许经营使用费的情形包括：当地居民利用自有或者本集体经济组织及其成员的房屋开展餐饮、住宿、商品销售等经营服务活动，或者从事海南热带雨林国家公园内游憩导览等微利项目；与国家公园管理机构合作，从事自然教育等提升海南热带雨林国家公园管理成效的活动等。

12.2.3.4　特许经营期限

国家公园特许经营项目的经营期限综合考虑项目所提供产品或者服务要求、建设内容、投资额度、项目生命周期、投资回收期、经济社会和生态效益等因素确定。授予特许经营者建设、运营涉及固定资产投资的经营服务设施的，特许经营期限一般为 10 年，原则上不超过 20 年。需要授予更长特许经营期限的，报海南省人民政府批准后确定。

12.2.3.5　特许经营目录

2021 年 11 月，海南省林业局印发《海南热带雨林国家公园特许经营目录》(第一批)①。第一批公布的特许经营项目有服务设施类、销售商品类、租赁服务类、住宿餐饮类、文体活动类、生态体验类、科普教育类、旅游运输类和标识类等九大类别。其中，包括博物馆、餐饮店、民宿、体育赛事、婚庆活动、生态体验、森林康养、观光直升机、低空观光飞行器等 47 种特许经营项目。

12.2.4　生态保护体系

12.2.4.1　本底调查

《海南热带雨林国家公园体制试点方案》②《海南热带雨林国家公园条例（试行)》③ 等多项规划与管理政策提出，国家公园管理机构应当会同生态环境主管部门完善海南热带雨林国家公园的生物多样性本底信息，建立生物多样性监测和管理信息系统，构建生物多样性保护网络。

---

① 海南热带雨林国家公园首批特许经营目录出台．（2021-11-11)．https://www. hainan. gov. cn/hainan/tingju/202111/40a9ffc239b54cb682c39e4b541e81ee. shtml.

② 国家公园管理局关于印发《海南热带雨林国家公园体制试点方案》的函．（2019-07-15)．https://www. hainan. gov. cn/hainan/zchbbwwj/202008/f0a42020ac1547098d502acd161119cf. shtml.

③ 海南热带雨林国家公园条例（试行)．（2020-09-06)．https://www. hainan. gov. cn/hainan/dfxfg/202009/2f11aa528cb9487696de8f30bdc820d1. shtml.

《海南热带雨林国家公园总体规划（2019—2025 年）》①从自然资源确权登记方面提出要求，以海南热带雨林国家公园为独立自然资源登记单元，在对海南热带雨林国家公园自然资源本底状况、权属情况等综合调查的基础上，按照《自然资源统一确权登记暂行办法》要求，对海南热带雨林国家公园范围内水流、森林、山岭、荒地、滩涂、矿产等所有自然生态空间进行统一确权登记，弄清各类自然资源资产底数，清晰界定国家公园范围内国土空间各类自然资源的产权主体，包括：全民所有和集体所有之间的边界；全民所有不同层级政府行使所有权的边界；不同集体所有者边界；不同类型自然资源的边界，构建国家公园自然资源资产基础数据库。

12.2.4.2　生态系统生产总值核算

生态系统生产总值（gross ecosystem product，GEP）是生态系统为人类提供的产品和服务价值的总和，由生态系统产品、生态调节服务、生态文化服务三部分组成②。2021 年 9 月，中国林业科学研究院和海南省林业科学研究院（海南省红树林研究院）完成了海南热带雨林国家公园体制试点区 GEP 核算任务，这是中国首例针对国家公园开展的 GEP 核算。海南热带雨林国家公园成为国内首个发布 GEP 核算成果的国家公园体制试点区，为全国国家公园建设提供"海南样板"③。

海南热带雨林国家公园体制试点区生态系统生产总值核算工作在参考《陆地生态系统生产总值（GEP）核算技术指南》和《森林生态系统服务功能评估规范》等文件的基础上，基于海南热带雨林的资源禀赋、生态系统特点，结合国内外相关研究和案例，构建了海南热带雨林国家公园体制试点区 GEP 核算指标体系，并编制了《海南热带雨林国家公园体制试点区生态系统生产总值（GEP）核算技术方案》。按照科学性、实用性、系统性、开放性的原则，海南热带雨林国家公园体制试点区 GEP 核算由物质产品价值、调节服务价值和文化服务价值三部分构成，核算内容包括农林牧渔业产品、涵养水源、保育土壤、固碳释氧、空气净化、森林防护、洪水调蓄、气候调节、生物多样性、休闲旅游、景观价值、科学研究、科普教育等 19 个二级指标，以及调节水量、净化水质、固土、保肥、固碳、释氧、提供负离子、有害生物控制等若干个三级指标。经核算，海南热带

---

①　海南热带雨林国家公园规划（2019—2025 年）. https://www.forestry.gov.cn/html/main/main_4461/20200423094840466465936/file/20200423094937861802994.pdf.

②　欧阳志云，朱春全，杨广斌，等. 生态系统生产总值核算：概念、核算方法与案例研究. 生态学报，2013，33（21）：6747-6761.

③　海南热带雨林国家公园成为国内首个发布 GEP 核算成果的国家公园. （2022-01-27）. http://lyj.hainan.gov.cn/ywdt/zwdt/202201/t20220127_3135255.html.

雨林国家公园体制试点区内森林、湿地、草地、农田、聚落等生态系统 2019 年 GEP 总量为 2045.13 亿元，单位面积 GEP 为 0.46 亿元/km²①。

12.2.4.3 科研监测平台

从 20 世纪 60 年代起，海南省陆续建设了部级以上生态系统定位站七座，分布在尖峰岭、霸王岭热带雨林片区以及东寨港等典型湿地生态区域，有超过 60 年的连续观测历史，在生态科学研究中发挥了科研监测、人才培养、科普教育等积极作用，为生态文明建设决策提供了科学依据。依托中国森林生态系统定位研究网络，在五指山、尖峰岭、霸王岭建立了森林生态系统定位观测研究站，为热带雨林生态系统功能评估提供有力支撑。同时，创建了世界上首套大样地+公里网格样地+卫星样地+随机样地相结合的四位一体森林动态监测系统，为热带天然林生物多样性保育及恢复研究、动态监测、成效评估等提供技术平台②。

但在海南热带雨林国家公园建设需求下，现有观测站还存在布局不完善、监测标准不统一、信息化水平不足、数据共享能力差等问题。海南省将于 2023 年起至 2025 年前，开展包含构建生态系统长期定位观测标准化体系框架、建设生态系统定位观测研究网络组织体系、建立生态站分级评估体系和成立网络数据中心等在内的生态系统定位观测研究网络建设。到 2025 年，将构建起布局合理、重点突出、功能完备、管理规范的生态系统定位观测研究站网，实现生态监测智能化、标准化、规范化，建立集科研、监测、应用、示范与共享的生态站监测网络③。

12.2.4.4 电子围栏 "智慧化" 管护

建设智慧国家公园旨在不增加甚至减少管理管护人员的情况下，通过加强信息化基础设施，最大程度减少人为活动对海南热带雨林国家公园特别是核心区的干扰，实行最严格的生态环境保护④。2019 年，试点区开展了电子围栏和野生动物监测试点，通过布设振动光纤、仿生树和电子雷达技术，结合主要交叉路口布点智能卡口和视频监控系统的方式建设电子围栏，实现人为活动监管和野生动物

---

① 《热带林业》编辑部. 海南热带雨林国家公园体制试点区在全国率先开展生态系统生产总值（GEP）核算. 热带林业, 2021, 49（4）: 83.

② 龙文兴, 杜彦君, 洪小江, 等. 海南热带雨林国家公园试点经验. 生物多样性, 2021, 29（3）: 328-330.

③ 海南启动生态系统定位观测研究网络建设 将构建热带雨林国家公园生态系统定位观测网络体系. http://www.hntrmp.com/news/2023/show-1676.html.

④ 陈曦. 海南国家公园体制试点建设管理模式难点问题与对策. 今日海南, 2019,（1）: 63-64.

活动监测①。

12.2.4.5　生态保护与修复

《海南热带雨林国家公园体制试点方案》② 提出建立自然生态整体保护和系统修复制度。主要包括以下五个方面：

（1）实施差别化保护管理方式。编制国家公园总体规划及专项规划，合理确定国家公园范围和功能分区，明确发展目标和任务，做好与相关规划的衔接。强化海南中部山区热带雨林国家重点生态功能区的保护和管理，着力提升水源涵养和生物多样性保护服务功能，形成以中部热带雨林为生态核心区，以自然山脊及河流为骨架的"生态绿心+生态廊道"生态保育体系。同时，遵循森林生态系统演替规律，通过规划、管理和生态建设来进行空间重组和恢复自然生态过程。

（2）加大生态保护修复力度。按照自然生态系统的整体性、系统性及其内在规律实行整体保护、系统修复、综合治理。鼓励在重点生态区位推行商品林赎买制度，探索通过赎买、租赁、置换、地役权合同等方式使经济林退出生态核心区，逐步恢复和扩大热带雨林等自然生态空间。开展封山育林工程，控制和减少干扰，实现热带雨林的自然演替。同时，实施人工辅助修复更新，选择热带雨林原生地周边的适生地和生态廊道规划区域，适当补植热带雨林建群种和野生动物食物树种，促进热带雨林生态系统修复。此外，制定科学的森林经营方案并稳步推进实施，提高森林生态系统服务功能。

（3）加强生物多样性保护。加强对国家公园内极小种群野生动植物、珍稀濒危野生动植物和原生动植物种质资源拯救保护力度。围绕国家公园内热带雨林集聚区，以重要湖库为空间节点、主要河流为脉络，建设供野生动物穿越公路、铁路、水系等的生态廊道，打通野生动物栖息地之间的网络通道。同时，加强生物多样性保护优先区域管理，完善国家公园生物多样性本底信息，建立生物多样性监测体系和管理信息系统，构建生物多样性保护网络。

（4）提升水源涵养能力。实施严格的水生态环境保护措施，加强国家公园范围内重要饮用水水源地和水生态环境保护与治理。同时实施最严格水资源管理制度，严守水资源开发利用控制、用水效率控制、水功能区限制纳污三条红线，有效防止、控制和减少国家公园的面源污染和水土流失，建立水源地水质监控体系，协调好生态、生产和生活用水。

---

① 龙文兴，杜彦君，洪小江，等. 海南热带雨林国家公园试点经验. 生物多样性，2021，29（3）：328-330.

② 国家公园管理局关于印发《海南热带雨林国家公园体制试点方案》的函.（2019-07-15）. https://www.hainan.gov.cn/hainan/zchbbwwj/202008/f0a42020ac1547098d502acd161119cf.shtml.

（5）保护少数民族传统生态文化。保留具有代表性的黎族、苗族村寨，作为少数民族文化的展示地。将黎族、苗族村寨周边因传统文化而加以保护的特殊山林，作为自然生态系统和民族文化融合的特殊生态系统，加以重点标识保护。

12.2.5　资金管理

为了建立和健全资金保障制度，《海南热带雨林国家公园体制试点方案》[①]主要提出了三项举措：

（1）建立财政投入为主的多元化资金保障机制。立足国家公园公益属性，确定中央与地方事权划分，保障国家公园的保护、运行和管理。中央财政加大对基础设施、生态搬迁、生态廊道、科研监测、生态保护补偿等方面的投入，加大重点生态功能区转移支付力度。中央预算内投资和其他投资渠道对国家公园及为国家公园提供支撑服务的交通、供电、供水、通信、环保以及医疗救护、宣教、科研、监测等基础设施和公共服务设施建设予以倾斜支持。在确保国家公园生态保护和公益属性的前提下，建立多渠道多元化的投融资模式。

（2）构建高效的资金使用管理制度。国家公园实行收支两条线管理，各项支出统筹安排，对企业、社会组织、个人等社会捐赠资金，进行有效管理。建立财务公开制度，确保国家公园各类资金使用公开透明。

（3）完善生态保护补偿机制。建立形式多元、绩效导向的生态保护补偿机制，加快形成生态损害者赔偿、受益者付费、保护者得到合理补偿的运行机制，引导和鼓励受益地区与保护生态地区、流域上游与下游通过资金补助、对口协作、产业转移、人才培训、共建园区等方式实施流域横向生态保护补偿。归并现有生态保护补偿资金渠道，多渠道筹措补偿资金。完善生态保护成效与财政转移支付资金分配挂钩的激励约束机制，提高生态转移支付资金使用绩效。加大重点生态功能区转移支付力度。

目前，海南热带雨林国家公园在资金改革方面仍进展缓慢，稳定的投融资机制尚未建立，资金来源主要靠国家财政拨款，渠道单一。资金短缺可能是将是未来需要解决的关键问题之一，在国家公园建设过程中开展集体土地租赁和赎买、生态移民、企业退出等工作需要大量资金支持，远超地方政府的财政承受能力[②]。因此，需要逐步建立多元可持续的资金保障机制。创新资金筹措机制，加

---

① 国家公园管理局关于印发《海南热带雨林国家公园体制试点方案》的函. (2019-07-15). https://www.hainan.gov.cn/hainan/zchbbwwj/202008/f0a42020ac1547098d502acd161119cf.shtml.

② 黄宝荣，王毅，苏利阳，等. 我国国家公园体制试点的进展、问题与对策建议. 中国科学院院刊，2018，33（1）：76-85.

快建立以财政投入为主，社会投入为辅，多渠道、多形式的资金保障机制。除了中央财政支持外，通过建立特许经营与协议保护制度，发展生态友好型产业，扩大资金来源渠道①。

12.2.6　社会与公众参与

12.2.6.1　生态补偿

海南热带雨林集中分布的区域是海南岛主要江河源头和重要水源涵养区，是黎族、苗族传统栖居地。海南热带雨林国家公园试点区探索国家公园核心保护区生态搬迁，健全生态保护补偿制度，开展了以下工作②③：①创新土地权属转化方式。海南热带雨林国家公园生态搬迁过程中，以自然村为单位，实行迁出地与迁入地的土地所有权置换，迁出地原农民集体所有的土地全部转为国家所有，迁入地原国有土地全部确定为农民集体所有。置换双方权属为集体和国有，土地性质为建设用地和非建设用地。②建立集体和国有土地置换评估方式。在实施置换前，由政府组织开展拟置换土地的土地现状调查并进行实地踏勘，摸清土地权属、地类、面积以及地上青苗和附着物权属、种类、数量等情况，自然资源和规划部门委托有资质的第三方评估机构按照相关估价规程开展土地价值评估，经集体决策合理确定拟置换的土地地块价值。③赋予所有权人权能。政府将拟置换的土地现状、置换方式、安置方式等内容进行公告公示，充分尊重生态搬迁涉及的农民集体、农民和相关土地权利人的意愿。完整置换迁入地和迁出地权属，办理不动产产权登记，赋予政府、迁出地集体、迁入地集体（农垦）三方的权能。④建立土地增减挂钩模式。迁出地建设用地复垦为林地等农用地腾出的建设用地指标，可按照建设用地增减挂钩的原则用于迁入地安置区建设，不再另行办理农用地转用审批手续。

12.2.6.2　社会参与

《海南热带雨林国家公园体制试点方案》④ 提出在社会参与方面，要完善

① 李佳灵，秦荣鹏，徐涛，等．海南热带雨林国家公园管护能力建设现状、问题与对策．热带林业，2022，50（2）：72-76.
② 王琪．三江源、海南热带雨林国家公园体制试点有序推进．国土绿化，2020，（1）：48-49.
③ 龙文兴，杜彦君，洪小江，等．海南热带雨林国家公园试点经验．生物多样性，2021，29（3）：328-330.
④ 国家公园管理局关于印发《海南热带雨林国家公园体制试点方案》的函．（2019-07-15）．https://www.hainan.gov.cn/hainan/zchbbwwj/202008/f0a42020ac1547098d502acd161119cf.shtml.

社会参与机制、建立社区共管机制、开展自然体验与环境教育。根据《海南热带雨林国家公园总体规划（2019—2025年）》①，海南热带雨林国家公园范围内全民所有的自然资源资产所有权由中央政府统一行使。国家公园管理局制定自然资源资产的监管制度体系，保障自然资源资产不被破坏，保护社会公众的集体利益。

海南热带雨国家公园相关制度实施过程中，在公众参与机制方面还存在约束性机制缺失和激励性机制不足的问题②。海南热带雨林国家公园建设需要进一步完善社会与公众参与制度，包括建立完善社区共管制度、明确公众参与的主体责任、建立清晰的公众参与程序等。

12.2.7　科研平台

《海南热带雨林国家公园体制试点方案》③ 提出要强化科技支撑。设立海南热带雨林国家公园研究机构。成立海南热带雨林国家公园专家委员会。利用现代化科技手段，提高管理水平和效率。建立科技支撑和监测平台，依托大专院校、科研院所合作开展科学研究，面向全球搭建学术交流平台和合作发展平台，鼓励国内外大专院校和科研机构参与热带雨林国家公园的规划设计、生态保护研究、生态修复、技术方案论证。支持国内外生态保护、生物多样性保护等方面的重大科技成果转化。

由海南热带雨林国家公园管理局联合中国林业科学研究院、北京林业大学、海南大学、中国热带农业科学院共同组建海南国家公园研究院。海南国家公园研究院将热带雨林旗舰物种海南长臂猿的保护研究作为重要任务。向国家林业和草原局申请获批"国家林业和草原局海南长臂猿保护研究中心"和"海南长臂猿保护国家长期科研基地"④。

但国家公园试点区存在缺乏专业人才和科技支撑不足的问题⑤。需要加快专业人才的引进，提高科研人员和工作人员的业务素质，并加强与国内外知名研究

---

① 海南热带雨林国家公园规划（2019—2025年）. https://www.forestry.gov.cn/html/main/main_4461/20200423094840466465936/file/20200423094937861802994.pdf.
② 廖励. 国家公园规划中的公众参与机制研究. 北京：北京建筑大学，2022.
③ 国家公园管理局关于印发《海南热带雨林国家公园体制试点方案》的函.（2019-07-15）. https://www.hainan.gov.cn/hainan/zchbbwwj/202008/f0a42020ac1547098d502acd161119cf.shtml.
④ 龙文兴，杜彦君，洪小江，等. 海南热带雨林国家公园试点经验. 生物多样性，2021，29（3）：328-330.
⑤ 刘文敬，白洁，马静，等. 中国自然保护区管理能力现状调查与分析. 北京林业大学学报，2011，33（S2）：49-53.

机构、高等院校的合作交流①。

12.3 监督与评估机制

12.3.1 监督机制

在自然资源部、国家林业和草原局（国家公园管理局）和海南省人民政府对热带雨林国家公园管理局实行垂直监督的同时，建立热带雨林国家公园管理局与海南省人民政府管理部门的横向监督机制，搭建公众监督平台，自觉接受社会监督，形成垂直监督、横向监督与社会监督相结合的全方位监督体制，不断提升海南热带雨林国家公园的社会化管理水平②。

在自然资源资产管理监督方面，《海南热带雨林国家公园自然资源资产管理办法（试行）》③ 规定，一是要发挥行政、司法、审计等部门的监督作用，创新管理方式方法，形成监督合力，实现对海南热带雨林国家公园自然资源资产利用和保护的全程动态有效监管。二是健全海南热带雨林国家公园监管制度，完善绩效管理与监测指标体系和技术体系，强化对国家公园自然资源资产保护等工作情况的监管。加强对国家公园生态系统状况、生态文明制度执行情况等方面的绩效评价，建立第三方评估制度，对国家公园建设和管理进行科学评估。三是海南热带雨林国家公园管理局应建立自然资源资产管理和生态环境保护的公众参与和社会公开机制，建立健全投诉、举报制度，自觉接受各种形式的监督，保障社会公众的知情权、参与权、监督权。四是实行海南热带雨林国家公园自然资源资产督查制度。省级自然资源资产主管部门制定自然资源资产督查方案，对热带雨林国家公园管理局的自然资源资产保护管理、特许经营、有偿使用等情况开展经常性监督检查和专项监督检查。监督检查的成果应作为热带雨林国家公园管理局工作评价的重要参考。

① 李佳灵，秦荣鹏，徐涛，等. 海南热带雨林国家公园管护能力建设现状、问题与对策. 热带林业，2022，50（2）：72-76.

② 海南热带雨林国家公园规划（2019—2025 年）. https://www.forestry.gov.cn/html/main/main_4461/20200423094840466465936/file/20200423094937861802994.pdf.

③ 海南省自然资源和规划厅关于印发《海南热带雨林国家公园自然资源资产管理办法（试行）》的通知.（2020-09-18）. http://lr.hainan.gov.cn/xxgk_317/0200/0202/202009/t20200918_2852905.html.

12.3.2 评估体系

根据国家公园保护管理需要和统一行使全民所有自然资源资产所有者职责的要求，由自然资源部会同国家林业和草原局（国家公园管理局），建立国家公园考核指标体系，制定具体考核办法，考核对象主要为承担国家公园管护责任的部门、机构及其工作人员，具体包括海南省相关管理部门、海南热带雨林国家公园管理局和国家公园所在区域人民政府及其工作人员等。考核结果作为海南热带雨林国家公园管理局和地方党政领导班子和领导干部综合考核评价的重要依据。实施领导干部生态环境损害和自然资源资产损害责任追究制度，对领导干部在任期间或离任后出现重大生态环境损害、重大国有自然资源资产损害并认定其需要承担责任的，实行终身追责①。

12.4 经验与启示

海南热带雨林国家公园试点区构建了以"省部协同、多级联动"的协同管理机制、"垂直管理、执法派驻"的监管体制、"科研平台、全球智库"的科技支撑体系为主要特色的管理体制和运营机制②。但海南热带雨林国家公园的建设还有进一步完善的空间。

（1）在管理机制方面，跨区域垂直管理体制与运行机制仍需完善。面对多个管理分局隶属关系复杂、整合难度较大、机构运转效率不高等挑战，需要权衡好权力、责任与利益之间的关系。尽快厘清海南热带雨林国家公园管理局和各分局的职责与权力，协调好国家公园管理机构与辖区地方政府之间的关系。

（2）在法律规划方面，需加快关于海南热带雨林国家公园的专门立法，加强管护能力建设的法律保障。结合海南热带雨林国家公园的区域特征和管理需求，形成专门的管理制度体系。

（3）在资金管理方面，需逐步建立多元可持续的资金保障机制。创新资金筹措机制，通过建立特许经营与协议保护制度，扩大资金来源渠道。

（4）在社会与公众参与方面，建立完善社区共管制度，提出《海南热带雨林国家公园社区共管条例》，建立社区共管权力清单制度，明确社区参与途径。

---

① 海南热带雨林国家公园规划（2019—2025 年）. https://www.forestry.gov.cn/html/main/main_4461/20200423094840466465936/file/20200423094937861802994.pdf.

② 龙文兴，杜彦君，洪小江，等. 海南热带雨林国家公园试点经验. 生物多样性，2021，29（3）：328-330.

健全多元生态补偿机制，厘清国家公园各利益主体之间的利益关系。建立更加细致的公众参与主体类型与主体责任，保障公众参与机制的有效开展。

（5）在科研平台方面，加强与国内外相关研究机构、高等院校的合作交流，为国家公园建设提供科学知识与专业支撑。加快专业人才的引进，通过培训、进修、代培等方式提高科研人员和工作人员的业务素质。

第四部分

脆弱生态系统国家公园建设借鉴

第 13 章 国内外国家公园建设经验总结及对我国的启示

13.1 国际经验总结

国家公园制度已在世界上得到广泛使用，是被实践证明了的一种能够在资源保护和利用方面实现双赢的先进管理制度。自美国创立国家公园之后，一场国家运动就开始了。在北美洲，加拿大在 1885 年成立了班夫国家公园。第二次世界大战以后，伴随着全球旅游业的蓬勃发展，国家公园运动波及世界的每个角落。根据 IUCN 的统计，截至 2014 年，全世界有 158 个国家都建立了国家公园，其总数达到 5219 个。在此过程中，国家公园制度在实践中不断得到优化和完善，各个国家都建立了统一的专门机构来管理国家公园，形成了各具特色的管理模式。由于自然条件、管理目标、制度安排、管理实施、土地所有权、资金安排等的差异，目前世界上已形成了美国荒野模式、欧洲模式、澳大利亚模式、英国模式等具有代表性的国家公园发展模式[1][2]。国家公园已经成为一种使自然与文化资源实现可持续发展的最优化的管理制度和各国普遍适用的规律。

（1）从管理理念看，世界各国的国家公园及其管理机构的使命表述虽然不尽相同，但其核心理念是保护自然资源的永续利用和为人民提供游憩机会，体现了国家公园的本质属性是公益性。

（2）从管理模式来看，世界国家公园的管理大致可分为中央或联邦政府集权、地方自治和综合管理三种模式[3]，各国土地权属特性决定了采取何种管理模式。美国、芬兰、挪威、加拿大等国家因中央或联邦政府拥有直接管理的土地，对国家公园实行中央或联邦政府垂直管理模式；德国、澳大利亚等联邦制国家采取地方政府自治管理模式；英国、日本等国家中央和地方政府都有直接管理的土

① WESCOTT G C. Australia's distinctive national parks system. Environmental Conservation, 1991, 18 (4): 331-340.

② BARKER A, STOCKDALE A. Out of the wilderness? Achieving sustainable development within Scottish national parks. Journal of Environmental Management, 2008, 88 (1): 181-193.

③ 卢琦，赖政华，李向东. 世界国家公园的回顾与展望. 世界林业研究，1995，(1)：35-40.

地但相对分散，因此按权属的不同采取综合管理模式。

（3）从功能分区来看，各个国家在进行国家公园的规划和管理时，都会考虑到利用功能分区的方法协调保护和利用之间的矛盾，在功能区的划分上有一些必然遵循的相似之处，具体体现在以下几方面：①将保护和利用功能分开进行管理；②与同心圆模式类似，各功能区保护性逐渐降低，而利用性逐渐增强；③面向公众开放的国家公园都会设有集中的服务设施区①。

（4）从管理体制来看，美国和加拿大的国家公园都属于自上而下型管理体系，都成立了国家公园管理局，并通过立法来确立该机构的地位。美国的国家公园管理归美国内政部下属国家公园管理局（National Park Service），加拿大的为加拿大公园管理局（Parks Canada Agency）。美国和加拿大的国家公园法律法规体系都非常完善，其构成特点为：在国家层面上形成了较为成熟的法规体系；体系完整，内容详全，可操作性强；国家公园管理组织机构责任明确②。此外，美国和加拿大的国家公园法律体系非常注重规划管理，相关法规对公园的财政经费做了专门的规定，对特许经营活动有明确的法规约束，规定国家公园的规划、建设和管理严格实行分区制。

（5）从经营机制来看，世界各国国家公园的管理主体、管理模式各有差异，但在经营机制上高度相似，基本上都是按照管理权与经营权分离的思路。管理者是国家公园的管家或服务员，不能将管理的自然资源作为生产要素营利，不直接参与国家公园的经营活动，管理者自身的收益只能来自政府提供的薪酬。国家公园的门票等收入直接上交国库，采取收支两条线，其他经营性资产采取特许经营或委托经营方式，允许私营机构采用竞标的方式，缴纳一定数目的特许经营费，获得在公园内开发经营餐饮、住宿、河流运营、纪念品商店等旅游配套服务的权利，地方政府、当地社区可优先参与国家公园的经营管理。国家公园管理机构可设立公园基金会接受公益捐赠，并从中或从特许经营项目收入中提取一定比例，投入到国家公园运行并惠益社区。这种经营机制可以有效缓解公园产品的公共性与经营的私有性之间的矛盾，提高国有资源的经营效益③。总的来说，在经营机制方面，部分国家的国家公园不存在营利性的经营活动，但只要存在经营活动的，大都实行特许经营制度④。

（6）从资金保障机制看，无论采用哪种国家公园管理模式，国家公园的资

① 黄丽玲，朱强，陈田. 国外自然保护地分区模式比较及启示. 旅游学刊，2007，22（3）：18-25.
② 周武忠. 国外国家公园法律法规梳理研究. 中国名城，2014，（2）：39-46.
③ 唐小平. 中国国家公园体制及发展思路探析. 生物多样性，2014，22（4）：427-431.
④ 田世政，杨桂华. 中国国家公园发展的路径选择：国际经验与案例研究. 中国软科学，2011，（12）：6-14.

金来源都是以国家财政拨款为主，国家公园收入和社会捐款为辅的模式。美国和加拿大等国的财政拨款都占到 70% 左右。对于国家公园的门票、特许经营费等收入采取收支两条线，国家公园的收入直接上交国库，再由国家拨给国家公园用于国家公园的运营和维护。国家公园管理机构通过设立公园基金会，鼓励非政府组织、企业、个人等对国家公园进行社会捐赠①。

13.2 对我国国家公园建设的启示

其他国家国家公园的运营管理体制无论从资源保护、社会意义还是经济价值角度看，都对我国有很强的借鉴价值。通过典型国家国家公园建设经验进行梳理，针对我国国家公园体制建设与管理，结合已有的政策导向、实践经验以及未来发展趋势，提出以下经验借鉴：

（1）完善法律与政策保障体系。①加快立法：加速推进《国家公园法》的立法进程，为国家公园体制提供坚实的法律基础。明确国家公园的概念、基本原则、遴选条件、管理制度、运行机制、法律责任等基本内容，为国家公园的规划、建设、保护、管理、发展、共享等提供更高层次法律保障②。同时，明确各级政府、相关部门、社区、公众等各利益相关方的权利、责任和义务。②政策衔接：确保国家公园建设与国土空间规划、生态环境保护、乡村振兴、文化旅游等相关政策的协调一致，形成政策合力。

（2）创新管理体制。①央地协同：明确中央与地方在国家公园管理中的职责分工，强化中央层面的宏观指导和协调，赋予地方必要的管理权限和责任，激发地方积极性。②跨部门合作：打破部门壁垒，建立生态环境、自然资源、林草、文旅、财政等部门的协调联动机制，形成高效的决策和执行体系。

（3）社区参与与利益共享。①共建共管共享：充分尊重和保障当地居民的权益，鼓励其参与国家公园的决策过程，实施共建共管共享的管理模式。同时，完善设立社区基金、生态补偿、特许经营等机制，让社区从国家公园保护中获益。②生态教育与技能培训：开展面向社区居民的生态教育和绿色技能培训，提升其生态保护意识和能力，引导其参与生态旅游、生态农业等绿色产业。

（4）科技支撑与监测评估。①科技创新：加大科研投入，推动遥感监测、大数据、人工智能等先进技术在国家公园管理中的应用，提高管理效率和精准

---

① 刘冲. 城步国家公园体制试点区运行机制研究. 长沙：中南林业科技大学，2016.
② 王涛、李姝睿. 为高质量推进国家公园群建设筑牢法治基础.（2023-11-27）. https://www.workercn.cn/c/2023-11-27/8060799.shtml.

度。②监测评估体系：建立完善的生态环境监测网络和定期评估机制，对公园内生态状况、保护成效、管理效能等进行动态监测和科学评估，为决策提供科学依据。

（5）资金保障与多元投入。①财政支持：确保国家公园建设与管理的财政投入，将其纳入各级政府预算，设立专项资金，保障日常运营和重点项目实施。②多元筹资：探索建立国家公园公益基金，引导社会资本参与国家公园建设，通过特许经营、生态旅游、碳汇交易等方式吸引市场化投资。

（6）公众参与与社会监督。①公众参与：通过公众科普、志愿服务、公民科学家等形式，提高公众对国家公园的认知度和参与度，完善公众参与的运行机制。②完善公众参与反馈机制：构建公众意见反馈平台，定期公开国家公园管理信息，接受社会监督，提高公众参与的效果。

综上，我国国家公园体制建设与管理应注重法治保障、体制创新、社区参与、科技支撑、资金保障以及公众参与，形成全方位、多层次、立体化的保护管理体系，推动国家公园成为我国生态文明建设的重要窗口和示范平台。